晶体材料在锕系核素固化中的应用

Crystalline Materials for Actinide Immobilisation

〔俄罗斯〕Boris E. Burakov　〔英〕Michael I. Ojovan

〔英〕William E. Lee　著

张　铭　王　绪　季亚奇　译

科 学 出 版 社

北　京

图字：01-2021-0095

内 容 简 介

本书是英国帝国理工大学出版社系列丛书《工程材料》(*Materials for Engineering*)的第一卷。作者为俄罗斯 V.G. Khlopin 镭研究所的 Boris E. Burakov，英国谢菲尔德大学的 Michael I. Ojovan 和英国帝国理工学院的 William E. Lee。

本书总结使用晶体材料（如晶体陶瓷和大单晶）对锕系核素进行固化的方案和目前的操作。内容包括：描述锕系的基本物理和化学性能的应用领域及其危险性；系统地介绍锕系核废料固化、生产含锕系的耐久晶体材料的合成方法，以及实用分析技术、离子轰击和掺杂短寿命核素的方法及实验分析；简述含锕系材料的潜在应用价值。

本书的阅读对象为核废物管理专家、放射化学家、地球化学家、地质学家、核物理学家、材料学家和材料学工程师、固体物理学家、离子辐射和改性专家、癌症治疗专家。本书对于对核素应用环境安全感兴趣的专业人员也是有借鉴作用的。

图书在版编目（CIP）数据

晶体材料在锕系核素固化中的应用/(俄罗斯)鲍里斯・布拉科夫(Boris E. Burakov)，(英)迈克尔・奥约万(Michael I. Ojovan)，(英)威廉・李(William E. Lee)著；张铭，王绪，季亚奇译. —北京：科学出版社，2021.3

书名原文：Crystalline Materials for Actinide Immobilisation

ISBN 978-7-03-068169-0

Ⅰ. ①晶… Ⅱ. ①鲍… ②迈… ③威… ④张… ⑤王… ⑥季… Ⅲ. ①锕系元素-金属材料-放射性同位素-固化处理-研究 Ⅳ. ①O615.2

中国版本图书馆 CIP 数据核字（2021）第 035918 号

责任编辑：牛宇锋 罗 娟 / 责任校对：王萌萌
责任印制：吴兆东 / 封面设计：蓝正设计

科学出版社 出版

北京东黄城根北街 16 号
邮政编码：100717
http://www.sciencep.com

北京中石油彩色印刷有限责任公司 印刷

科学出版社发行 各地新华书店经销

*

2021 年 3 月第 一 版 开本：720 × 1000 1/16
2021 年 3 月第一次印刷 印张：9
字数：169 000

定价：88.00 元

（如有印装质量问题，我社负责调换）

原作者简介

Boris E. Burakov，1986 年于列宁格勒国立大学获得理学硕士学位，1991 年于莫斯科化学技术学院获得哲学博士(PhD)学位，2013 年于圣彼得堡大学获得科学博士(DSc)学位。Burakov 博士是俄罗斯原子能公司(Russian State Corporation for Atomic Energy，ROSATOM)下属位于俄罗斯圣彼得堡的 V. G. Khlopin 镭研究所(V. G. Khlopin Radium Institute，KRI)先进材料实验室主任，主要从事高放核废料处置研究工作。KRI 所为俄罗斯研究高放射废物处置技术和高放核素固化材料的主要单位之一。近年来，该研究所一直在为 Tenex 公司开发新的燃料循环模式(从后处理乏燃料中回收的未分离铀(U)、钚(Pu)混合物生产源自再生混合物 REMIX 的燃料)。Burakov 博士是合成含 U 和 Pu 的高放固化晶体材料的国际知名专家。他和同事合成并研究分析 ^{238}Pu-锆石、^{239}Pu-锆石、Pu-独居石、Ti 基烧绿石、Pu-立方氧化锆。他在世界上首次成功地合成 ^{238}Pu-锆石单晶，参加了切尔诺贝利核电站事故中形成的含 U 样品的分析和其他合成材料的蚀变分析研究工作。他是英国帝国理工大学出版社出版的著名科学专著《晶体材料在锕系核素固化中的应用》(*Crystalline Materials for Actinide Immobilisation*)的第一作者。

Michael I. Ojovan，1979 年于莫斯科工程物理研究所固体物理专业获得硕士学位，1982 年于莫斯科国立核研究大学获得博士学位，主要研究涉及辐射与小粒子的相互作用，1994 年于莫斯科物理化学研究所获得科学博士学位，主要研究核废料的表面效应。1982～2002 年任莫斯科科学工业协会应用研究中心副主任，2002～2011 年任谢菲尔德大学废料固化中心教授，后任英国帝国理工大学访问教授。2011 年以来任国际原子能机构(International Atomic Energy Agency，IAEA)的核工程师。他的研究主要涉及玻璃和玻璃成分材料的处理及性能，以及核废料的固化材料和方法。他发表了 300 多篇学术论文，参与写作 12 部科学专著、11 篇著作章节，获得 42 项专利。他获得了各种荣誉和奖励，如国际原子能机构优秀奖(IAEA Merit Award 2017)、美国机械工程师协会最佳废物管理论文奖(ASME Award for Best Waste Management Paper 2012)、辐射安全问题期刊最佳论文奖(Best Paper Award from the Radiation Safety Issues Journal 2009)、美国机械工程师协会国际奖(Award of American Society of Mechanical Engineers International 2004)等。他是国际著名核科学期刊 *Journal of Nuclear Materials*、*Science*、*Technology of Nuclear Installations* 和 *International Journal of Corrosion and Innovations in*

Corrosion and Materials Science 的编委。1996 年当选俄罗斯自然科学院院士。

William E. Lee，本科毕业于英国阿斯顿大学物理冶金专业，后在牛津大学获得博士学位，研究涉及红宝石的辐照损伤。在牛津大学和美国凯斯西储大学做博士后之后，在俄亥俄州立大学担任助理教授。1989 年在谢菲尔德大学工程系担任讲师，后晋升为教授，曾担任 Sorby 电子显微镜中心经理、英国国家大学研究联盟主任和谢菲尔德大学固化过程中心主任。2006 年加入英国帝国理工大学材料科学系，曾担任材料系主任。他是安全科学与技术研究所共同主任、陶瓷与工程学会主席、美国陶瓷学会主席、英国皇家工程学院国际活动委员会成员、英国核创新与研究咨询委员会(Nuclear Innovation and Research Advisory Board，NIRAB)成员、英国政府放射性废物管理咨询委员会(Committee on Radioactive Waste Management, CoRWM)共同主席。他曾出任英国上议院科学技术委员会特别顾问。他是国际原子能机构的技术专家。他的研究主要涉及陶瓷、玻璃、极端条件下的材料性能、核废料固化和材料辐照损伤等。他发表了 450 篇论文，曾获得各种荣誉和奖励，如 Rosenhain Medal(1999)，英国材料、矿物和采矿研究组织(Institute of Materials，Minerals & Mining，IOM3)Pfeil Award(2000)，日本耐火材料学会 Wakabayashi Prize(2004)，美国陶瓷学会 Kingery Award(2012)和中国科学院李薰奖(2014)。2012 年当选英国皇家工程学院院士。

谨以此书纪念列宁格勒(圣彼得堡)国立大学矿物学教授

Georgiy Alexeevich Ilyinskiy(1928～1997)

译 者 序

放射性废物治理是核工业系统的重要环节。发现放射性现象以来，放射性物质的防护和废物的处置逐渐为人们所关注。自20世纪50年代核电站的大规模建设开始，如何对乏燃料等放射性废物进行安全处置成为人类面临的重大挑战。

通过对放射性核素进行固化(即将固态、液态和气态的废物转变为性能指标满足处置要求的整块性固化体，以形成一种适于装卸、运输、暂存或永久存放，性能满足处置要求的物体)，可有效避免或减少核素迁移对自然和人类环境的危害，这已经成为处置放射性废物的主要思路。经过数十年研究，国内外已针对不同类别的放射性废物提出成效不同的固化方案。具体说来，根据放射性废物的形态(固、液、气)和危害程度(低放、中放、高放)，设计相应的处置方案，以在经济性和安全性方面达到有效平衡。其中，锕系核素固化是一个难点和重点。

Burakov博士、Ojovan院士和Lee院士合著的*Crystalline Materials for Actinide Immobilisation*一书较全面地总结了晶体材料如多晶陶瓷和大单晶来固化锕系核素的方法和研究现状，理论性和实用性兼具，非常适合我国放射性废物治理领域、放射化学、地球化学、地质学、核物理学、材料学、固体物理学、癌症治疗领域的专家、科技工作者和大学生、研究生等阅读。本书是学习和研究用陶瓷类晶体材料固化锕系核素的一本非常有价值的学术专著。因此，我们将其译为中文，定名《晶体材料在锕系核素固化中的应用》，介绍给国内放射性废物治理及相关领域科学和技术工作者。

我国已经成为一个核应用大国，今后还要成为一个核应用强国。当前，世界主要核国家都在全方位强化核技术，以维持自己在核战略领域的领先地位。我国在发展核技术方面还存在一些短板。特别是在进入21世纪以来高速发展核电的背景下，处置放射性尤其是高放射性废物的技术亟待发展。学习先进核国家的经验，有助于我们加强技术储备，培养和锻炼人才，掌握自主可控的核技术。

译者的工作单位中国工程物理研究院(中物院)，作为我国核科技事业主要承载者之一，已经有60多年的历史。中物院已在核技术应用方面做出诸多重大贡献。放射性废物治理技术研究在国家和社会的大力支持下，也将继续稳步前进。我们相信，我国的科学家将继续交出满意的答卷。

本书第1章、第2章由张铭同志翻译，第3章至第7章由王绪同志翻译。

季亚奇博士参与了全书校稿工作。张磊、潘鹏飞两位研究生参与了部分文字校稿，在此一并致谢。由于时间仓促、水平有限，译文不当之处，敬请读者批评指正。

译　者

2020 年 3 月

于中国工程物理研究院材料研究所

前　　言

本书总结使用化学稳定性优良的晶体材料(如晶体陶瓷和大单晶)对锕系核素进行固化的方案和实践。性能持久的锕系掺杂材料具有很多潜在应用，如用于在烧掉多余 Pu 的核燃料中、在无人驾驶的航天器中作为能源的化学惰性的 α 辐照源，或者用于为微电子器件提供电流。但目前这些元素被认为是废物组分。由于核武器的生产，许多国家积累了锕系废物。出于环境安全需要，多余的武器级 Pu 和来自商业乏燃料的民用 Pu 需要固化处理。锕系元素是具有特殊性能的化学元素，其特性可有益地使用到人类发展的不同领域，包括医疗领域。目前，在安全使用和处置锕系材料之间还没有取得恰当的平衡，其使用也存在伦理问题。使用和处置锕系核素需要把它们固化在一个耐久的主体材料中。优化锕系固化方案是一个巨大的技术挑战。尽管许多出版物有关于锕系性能的丰富信息，但目前缺乏锕系固化方面的综述文章和专著。本书阐述作者在核材料管理和锕系固化方面的研究。

本书第 1 章简要描述基本物理和化学性能、强调其危险性，描述在自然界中发现的天然锕系和含锕系的矿物，概括来自核燃料循环中的人工锕系及对这些人工锕系最耐久的晶态主体相。第 2 章描述锕系的应用领域，如密封辐射源、嬗变靶和先进核燃料。第 3 章讨论锕系核废料固化，重点介绍目前最适合的固化基质材料，如人造岩(Synroc)和陶瓷。第 4 章和第 5 章是本书的核心，详细介绍制备含锕系的耐久晶体材料的合成方法及实用分析技术。对锕系而言，辐射损伤是个重要问题，这在第 6 章中阐述，其中对离子轰击和掺杂短寿命核素的方法有详细分析。本书以简述含有锕系的物质的潜在未来作为结尾。

本书的阅读对象为核废物管理专家、放射化学家、地球化学家、地质学家、核物理学家、材料学家和材料学工程师、固体物理学家、离子辐射和改性专家、癌症治疗专家，对更多的对核素应用环境安全感兴趣的专业人员也是有借鉴作用的。

B. E. Burakov，M. I. Ojovan 和 W. E. Lee

原 著 致 谢

本书献给 Geogiy Alexeevich Ilyinskiy 教授。Ilyinskiy 教授教矿物学课程，是本书的一个作者(B.E. Burakov)在列宁格勒(现圣彼得堡)国立大学读书时的学术导师。本书的作者们感谢 V. G. Khlopin 镭研究所的同事 Vladimir Zirlin、Larisa Nikolaeva、Elena Strykanova、Marina Petrova、Vladimir Garbuzov、Alexander Kitsay 和 Evgeniy Shashukov 以及约费物理技术研究所的同事 Maria Zamoryanskava、Yana Domracheva、Katerina Kolesnikova 和 Maria Yagovkina 的帮助。我们感谢与矿藏地质研究所 Sergey Yudintsev 的合作，感谢圣彼得堡国立大学的 Sergey Krivovichev 和 Roman Bogdano，法国蒙彼利埃大学马可库尔分离器研究所的 Nicolas Dacheux，以及内夫斯基语言文化研究所的 Victoria Gribova 提供有用的信息。作者们非常感谢谢菲尔德大学固化科学实验室的同事 Martine Stennett、Neil Hyatt 和 John Roberts，原子武器院(Atomic Weapons Establishment，AWE)的 Ian Donald，曼彻斯特大学的 Francis Livens，伦敦帝国理工学院的 Robin Grimes 和 Alexander Chroneos，澳大利亚核科学和技术组织(Australian Nuclear Science and Technology，ANSTO)的 Lou Vance，莫斯科科学和工业协会“Radon”的 Sergey A. Dmitriev、Sergey Stefanovky、Vsevolod Klimov、Olga Batyukhnova、Tatyana Scherbatova 和已故的 Igor A.Sobolev。

目　　录

缩　写

AGR	advanced gas cooled reactor 先进气冷式反应堆
ANSTO	Australian Nuclear Science and Technology 澳大利亚核科学技术组织
BWR	boiling water reactor 沸水反应堆
CCM	cold crucible melting 冷坩埚熔融
CL	cathodoluminescence 阴极射线致发光
EPMA	electron probe microanalysis 电子探针显微分析
FP	fission product 裂变产物
GGG	gadolinium-gallium garnet 钆镓石榴石型
HLW	high-level radioactive wastes 高放废物
HRTEM	high resolution transmission electron microscopy 高分辨透射电子显微镜
IAEA	International Atomic Energy Agency 国际原子能机构
ICPP	Idaho Chemical Processing Plant at the Idaho National Engineering Laboratory(INEL), USA 爱达荷化学后处理工厂(位于美国爱达荷国家工程实验室)
IGEM	Institute of Geology of Ore Deposites，Moscow，Russia 俄罗斯莫斯科矿床地质研究所
IMF	inert matrix fuel 惰性基质燃料
ISL	Immobilisation Science Laboratory，Sheffield，UK 英国谢菲尔德固化科学实验室
ITU	Institute for Transuranium Elements，Karlsruhe，Germany 德国卡尔斯鲁厄超铀元素研究所
JAERI	Japan Atomic Energy Research Institute 日本原子能研究所
KRI	V. G. Khlopin Radium Institute, St. Petersburg, Russia 俄罗斯圣彼得堡 V. G. Khlopin 镭研究所
LANL	Los Alamos National Laboratory，USA 美国洛斯阿拉莫斯国家实验室
LLNL	Lawrence Livermore National Laboratory，CA，USA 美国劳伦斯利弗莫尔国家实验室
LWR	light-water reactor 轻水堆
MA	minor actinide 次锕系

MOX　mixed oxide 混合氧化物
NMR　nuclear magnetic resonance 核磁共振
NZP　sodium zirconium phosphate 磷酸锆钠
ORNL　Oak Ridge National Laboratory，USA 美国橡树岭国家实验室
P&C　partitioning and conditioning 分离和整备
P&T　partitioning and transmutation 分离和嬗变
PNNL　Pacific Northwest National Laboratory，Washington，USA 美国华盛顿太平洋西北国家实验室
PSU　Pennsylvania State University，USA 美国宾夕法尼亚州立大学
PWR　pressurized water reactor 压水式反应堆
RBMK　Channel-type uranium-graphite reactor 管式铀石墨反应堆
REE(RE)　rare earth element 稀土元素
RIAR　Research Institute of Atomic Reactors，Russia 俄罗斯原子反应堆研究所
ROSATON　Russian State Corporation for Nuclear Energy 俄罗斯国家原子能机构
RTG　radioisotope thermoelectric generator 辐射同位素电池
SEM　scanning electron microscopy 扫描电子显微镜
SIA“Radon”　Scientific and Industrial Association “Radon”，Moscow，Russia 俄罗斯莫斯科科学工业协会 “Radon”
SNF　spent nuclear fuel 乏燃料
SRS　sealed radioactive source 密封放射源
TEM　transmission electron microscopy 透射电子显微镜
TEOS　tetraehtoxysilane 四乙氧基硅烷
TNT　trinitrotolouene 三硝基甲苯
TPD　thorium phosphate diphosphate 钍二磷酸盐
UKAEA　United Kingdom Atomic Energy Authority 英国原子能管理局
VNINM　Institute of Inorganic Materials，Moscow，Russia 俄罗斯莫斯科无机材料研究所
XRD　X-ray diffraction X 射线衍射
YAG　yttrium-aluminium garnet 钇铝石榴子石

第 1 章　锕系元素简介

首先回顾锕系元素的历史和它们的物理化学性能，并对含锕系元素的天然和人工晶体进行简明介绍。锕系元素，如 Pu，可作为燃料用于核反应堆锕系元素也用在基础物理和化学研究中，包括寻找超重亚稳态核素(super-heavy metastable nuclides)。相对 Pu 而言，Np、Am 和 Cm 这些次锕系元素(minor actinides)被认为是废物。不少研究致力于将它们固化(immobilization)于适合的载体，以便今后进行地质处置。

1.1　锕 系 元 素

1.1.1　历史

天然的锕系元素发现于 200 多年前(表 1.1.1)。18 世纪和 19 世纪，天然的铀和钍的应用有限，它们主要用在基础科学研究中。现在还在寻找新的锕系元素(表 1.1.1)。

1896 年，亨利・贝克勒尔(Henri Becquerel)研究了不同盐类的磷光，其中包括 $K_2(UO_2)(SO_4)_2$。他当时继承了父亲和祖父的研究工作。贝克勒尔相信某些盐在受到阳光照射后，不但会发出可见光，还会发射出一些未知的射线。这些射线与 1895 年威廉・伦琴(Wilhelm Röentgen)发现的 X 射线类似。在一个阴天，贝克勒尔把铀盐和照相底片留在了同一个箱子里，后来他发现照相底片出现了曝光后的影像。接下来的各种实验都排除了对该现象其他的可能解释，这只可能源于铀盐本身。贝克勒尔得出看不见的射线来源于铀原子的结论。

表 1.1.1　锕系元素的历史和化学详情

元素，符号，原子序数	发现年份	材料来源	天然材料中的含量	典型价态	价电子排布
铀，U，92	1789	天然氧化铀矿(沥青铀矿)	岩石中为(2～4)×10^{-4}%； 海洋中为 4×10^{-4}%； 水蒸气中为(1～6)×10^{-6}g/L	6 和 4	$5f^36d^17s^2$
钍，Th，90	1828	天然 $ThSiO_4$(钍)	岩石中为(1～2)×10^{-3}	4	$6d^27s^2$
—	1896	发现放射性现象			
锕，Ac，89	1899～1904	天然氧化铀矿(沥青铀矿)中经化学处理后得到的稀土成分	1t 天然氧化铀矿(沥青铀矿)中 ^{227}Ac 为 1.5×10^{-4}g； 1t 天然钍中 ^{227}Ac 为 5×10^{-8}g	3	$6d^17s^2$

续表

元素，符号，原子序数	发现年份	材料来源	天然材料中的含量	典型价态	价电子排布
镤，Pa，91	1913～1917	天然氧化铀矿(沥青铀矿)	1t天然氧化铀矿(沥青铀矿)中为0.10～0.34g	5	$5f^26d^17s^2$ $5f^16d^27s^2$
—	1919	第一次人工核反应			
—	1932	发现中子			
—	1934	发现人工放射性			
—	1938	发现中子辐照下的铀裂变			
—	1940	发现铀的自发衰变			
镎，Np，93(第一个人工合成的锕系元素)	1939～1940	^{239}Np-^{238}U经中子辐照得来	刚果(金)天然氧化铀矿(沥青铀矿)中，每一单位的^{238}U中含有1.8×10^{-12}单位^{237}Np	5和4	$5f^46d^17s^2$
钚，Pu，94	1940	^{238}Pu-^{238}U经14MeV回旋加速器加速后的氘核辐照得来；1941年，^{239}Pu由^{239}Np裂变产出	天然铀矿中，每一单位的^{238}U中含有$(0.4～15)\times10^{-12}$单位的^{239}Pu 天然铀矿中，含有7.1×10^{-12}单位的^{238}Pu 天然氧化铀矿(沥青铀矿)和独居石中含有$(0.7～2.0)\times10^{-9}$单位的^{239}Pu* 在天然水样品中测得$(1～7)\times10^{-13}$g/L的^{239}Pu 天然锆石*样品中含有$(1.7～2.9)\times10^{-10}$%的^{239}Pu	4和3	$5f^67s^2$
镅，Am，95	1944～1945	^{239}Pu经高能中子轰击得来	—	3和4	$5f^77s^2$
锔，Cm，96	1944～1945	^{239}Pu经32MeV α粒子轰击后可以得到^{242}Cm	与设想一致，当含量为10^{-8}%时，稀土矿物中只有^{247}Cm可以检测出来	3	$5f^76d7s^2$
锫，Bk，97	1950	^{241}Am经35MeV α粒子轰击后可以得到^{234}Bk	—	3	$5f^86d^17s$ 或$5f^97s^2$
锎，Cf，98	1949	“Mike”热核爆炸的产物(第一枚氢弹)	—	3	$5f^86d7s^2$ 或$5f^{10}7s^2$
锿，Es，99	1952	“Mike”热核爆炸的产物(第一枚氢弹)	—	3	$5f^{11}7s^2$
镄，Fm，100	1952	“Mike”热核爆炸的产物(第一枚氢弹)	—	3	$5f^{12}7s^2$
钔，Md，101	1955	^{253}Es经35MeV α粒子轰击后可以得到	—	—	$5f^{13}7s^2$
新元素正在探索中	—				

*(Cherdintsev et al.，1965)

随着放射性现象的发现，人们对铀和钍的兴趣骤然增加。在捷克共和国雅克摩夫(Jáchymov)发现了一个大铀矿。同时，在巴黎的居里夫妇(Marie and Pierre Curie)开始研究含铀矿石，他们发现天然氧化铀矿(沥青铀矿)比从矿石中提取出的纯铀有更强的放射性。居里夫妇对数吨铀进行了进一步化学提炼，元素镭(Ra)、钋(Po)、锕(Ac)、镤(Pa)和氡(Rn)相继被发现。当时，研究原子核结构的科学家对镭很感兴趣。在以后的几十年中，含铀矿石是镭的主要来源。人们从含铀矿石中也提取了少量的锕和镤。

1919 年，英格兰曼彻斯特大学的欧内斯特·卢瑟福(Ernest Rutherford)用 α 粒子轰击氮核首次实现了人工控制下的核反应。参与反应的氮转变成氧的一个同位素。20 世纪 30 年代和 40 年代，核科学出现长足进展。1932 年，詹姆斯·查德威克(James Chadwick)发现 α 粒子辐照铍会放射出电中性的粒子，这就是所谓的中子。1934 年，弗雷德里克和艾琳·朱莉·居里(Frederic and Irene Joliot-Curie)发现了人工放射性现象，他们观察到利用 α 粒子轰击硼、铝和镁会发生核反应，以致生成新元素，如氮、硫和硅。受到 α 粒子轰击辐照的这些材料会放射出中子。1944 年，罗马的恩里科·费米(Enrico Ferni)建议利用中子辐照来合成新的放射性元素。当时，唯一的中子源来自镭或钋与铍的混合系统。费米研究了被中子辐照的不同元素，并假设获得一个中子的铀必须转变为更重的、具有 β 放射性的铀同位素。而这个同位素的衰变一定会产生新的超铀元素，即元素周期表上的第 93 号元素。但是，当时其他所有试图通过中子辐照铀的方法来发现新的超铀元素的尝试都没能成功。

1939 年，柏林的奥托·哈恩(Otto Hahn)和弗里茨·斯特拉斯曼(Fritz Strassmann)观察到了中子辐照引起的铀核裂变(fission)现象。在第二次世界大战期间，国际上不同的研究团队测量了裂变反应中释放的能量。令人吃惊的是，该能量相当高，大约为 200MeV。在此前，弗雷德里克和艾琳也已证明了每个铀核的衰变伴随释放两个以上的中子。1939 年 8 月 2 日，阿尔伯特·爱因斯坦(Albert Einstein)给美国总统富兰克林·德拉诺·罗斯福(Franklin Delano Roosevelt)写了一封信，该信的内容是希望总统关注与铀相关的核研究，该研究可能会建造出非常强大的新型炸弹。

1940 年，在苏联列宁格勒(现为圣彼得堡)的乔治·弗莱罗夫(Georgii Flerov)和康斯坦丁·彼得扎克(Konstantin Petrzhak)发现了铀的自发裂变现象(反应中没有中子参与)，并伴随释放出数个中子，每次裂变放出的能量约为 200MeV。为进一步证实这些发现，他们在莫斯科的地铁里重复了该实验，地下环境可屏蔽宇宙射线对实验的影响。自发裂变出现的概率非常低(1g 铀每小时只有几个原子发生)，他们推测即使这样，产生的中子也足够在铀中引起核链式反应。与此同时，加利福尼亚大学伯克利辐射实验室的埃德温·麦克米兰(Edwin McMillian)和菲利普·艾贝尔森(Philip Abelson)发现中子辐照 ^{238}U 生成 ^{239}U，^{239}U 衰变生成 ^{239}Np。镎的英文名称 neptunium 是以海王星(Neptune)命名的。在太阳系中海王星位于天王星(Uranus)之外(铀的化学符号 U 命名自天王星)。

1941 年，加利福尼亚大学伯克利分校的格兰·西伯格(Glenn Seaborg)、埃德温·麦克米兰(Edwin McMillan)、约瑟夫·肯尼迪(Joseph Kennedy)和亚瑟·华尔(Arthur Wahl)在回旋加速器中以氘核撞击 ^{238}U，首次得到 ^{238}Pu。这个元素的命名(plutonium)来自冥王星(Pluto)，在太阳系中冥王星位于海王星之外。接下来，用中子辐照 ^{238}U 发现了 ^{239}Pu(Seaborg et al.，1946)。这表明 ^{239}Pu 引发链式反应的特性与 ^{235}U 类似。然而，化学提取钚远比分离 ^{235}U 和 ^{238}U 容易。到 1943 年 12 月，美国只有 2mg 的钚(Groves，1964)。实际上，在 1946 年以前，有关钚的所有信息都是机密。

1944～1945 年，格兰·西伯格(Glenn Seaborg)与同事拉尔夫·詹姆士(Ralf James)和利昂·摩根(Leon Morgan)发现了元素镅(americium)。其后，西伯格、詹姆士和阿伯特·吉奥索(Albert Ghiorso)发现了锔(curium)。这两个元素的发现与对 ^{239}Pu 进行辐照有关，中子辐照产生了 ^{241}Am，而 α 粒子辐照产生了 ^{242}Cm。镅以美洲(America)命名，类似其镧系的对应元素铕(europium)，以欧洲(Europe)命名。而锔的命名是为了表彰居里夫妇在核研究方面的贡献。

1945 年初，苏联列宁格勒的镭研究所(现在叫圣彼得堡 V. G.Khlopin 镭研究所(V. G. Khlopin Radium Institute，St. Petersburg，Russia，KRI)利用回旋加速器通过中子辐照铀，获得了钚(图 1.1.1)。产生的 ^{239}Pu 量非常低，基于 α 计数器的测量值只有每分钟 33 次(KRI，1997)。苏联首次钚的提取和纯化技术是在大约 1μg 钚的基础上发展起来的。

图 1.1.1　1937 年建于苏联列宁格勒的镭研究所的欧洲第一台回旋加速器，并在 1945 年用于研制苏联的第一批钚样品

1945 年 7 月 16 日，美国在新墨西哥州进行了首次钚装置(6.1kg 钚)的核爆试验。1945 年 8 月 6 日，美国对日本广岛的核轰炸首次使用了铀原子弹(60kg 高纯铀)。1945 年 8 月 9 日，美国将第一颗钚原子弹(6.1kg 钚)扔在了日本长崎。

随后，苏联于 1949 年 8 月 9 日在塞米巴拉金斯克(Semipalatinsk)地区(现属于哈萨克斯坦共和国)爆炸了其第一颗钚原子弹。英国于 1952 年 10 月 3 日在西澳大利亚的蒙特贝洛群岛(Montebello Islands)上试验了第一颗原子弹。英国这颗核弹使用的钚是在温士盖(Windscale)生产的，其原理基本上是美国用在长崎的核弹的翻版。

1.1.2　基本物理和化学性能

锕系元素的主要特性归纳于表 1.1.2～表 1.1.4。其中，钚是在金属态下唯一的一个具有 6 种同位素的化学元素。铀具有很多氧化态，可形成多种氧化形态。锕系和镧系元素在化学行为上有某些相似性，但是镧系元素和 Th、Pa、U、Pu 和 Np 之间并不存在理想的化学类比性(和相似性)。从 U 到 Am，5f、6d、7s 和 7p 的轨道能量大致相同(Cotton and Wilkinson，1988)。这造成在锕系元素中远比在镧系元素中观测到的化学差异大。

表 1.1.2　锕系元素同位素的基本特征(Yagovkina，2009)

元素	同位素	半衰期/a	每克放射性活度	
			Bq	Ci
锕	^{227}Ac	21.8	2.7×10^{12}	72
钍	^{228}Th	1.9	3.0×10^{13}	820
	^{229}Th	7340	7.9×10^{9}	0.2
	^{230}Th	7.70×10^{4}	7.5×10^{8}	0.02
	^{232}Th	1.41×10^{4}	4.1×10^{3}	1.1×10^{-7}
镤	^{231}Pa	3.28×10^{4}	1.7×10^{9}	0.05
铀	^{232}U	68.9	8.3×10^{11}	22
	^{233}U	1.59×10^{5}	3.6×10^{8}	0.01
	^{234}U	2.45×10^{5}	2.3×10^{8}	0.006
	^{235}U	7.04×10^{5}	8.0×10^{4}	2.2×10^{-6}
	^{236}U	2.34×10^{5}	2.4×10^{6}	6.5×10^{-5}
	^{238}U	4.47×10^{5}	1.2×10^{4}	3.4×10^{-7}
镎	^{237}Np	2.14×10^{6}	2.6×10^{7}	7.0×10^{-4}
钚	^{235}Pu	8.11×10^{-7}	6.9×10^{19}	1.9×10^{9}
	^{236}Pu	2.9	2.0×10^{13}	530

续表

元素	同位素	半衰期/a	每克放射性活度	
			Bq	Ci
钚	^{238}Pu	87.7	6.3×10^{11}	17
	^{239}Pu	2.41×10^{4}	2.3×10^{9}	0.06
	^{240}Pu	6570	8.4×10^{9}	0.2
	^{241}Pu	14.4	3.8×10^{12}	100
	^{242}Pu	3.76×10^{5}	1.5×10^{8}	0.004
镅	^{241}Am	432.1	1.3×10^{11}	3.4
	^{242}Am	152	3.6×10^{11}	9.7
	^{243}Am	7380	7.4×10^{9}	0.2
锔	^{242}Cm	0.45	1.2×10^{14}	3300
	^{244}Cm	18.1	3.0×10^{12}	81
	^{245}Cm	8500	6.4×10^{9}	0.2
	^{246}Cm	4730	1.1×10^{10}	0.3
	^{247}Cm	1.56×10^{7}	3.4×10^{6}	9.1×10^{-5}
	^{248}Cm	3.39×10^{5}	1.6×10^{8}	0.004
锎	^{251}Cf	898	5.7×10^{10}	1.6
	^{252}Cf	2.6	2.0×10^{13}	540

表 1.1.3　锕系元素的晶体结构(Yagovkina，2009)

锕系元素	晶型	密度/(g/cm^3)	晶体结构	晶胞参数 a, b, c/Å, α, β, γ/(°)
Ac	—	10.066	面心立方	a=5.311
Th	阿尔法(α)	—	面心立方	a=5.0722
	贝塔(β)	—	体心立方	a=4.11
Pa	—	12.051	体心立方	a=5.031
		15.382	体心四方	a=3.925 c=3.238
U	阿尔法(α)	18.660	简单四方	a=10.61 c=5.645
		19.067	体心斜方	a=2.8548 b=5.8589 c=4.9576
Np	阿尔法(α)	20.487	简单斜方	a=4.721 b=4.888 c=6.661
	贝塔(β)	19.379	简单四方	a=4.897 c=3.388

续表

锕系元素	晶型	密度/(g/cm³)	晶体结构	晶胞参数 a, b, c/Å, α, β, γ/(°)
Pu	阿尔法(α)	20.262(25℃)	单斜	a=6.183 b=4.822 c=10.963 β=101.8
	贝塔(β)	18.28(150℃)	体心单斜	a=9.227 b=7.824 c=10.963 β=92.54
	伽马(γ)	17.506(210℃)	面心单斜	a=3.1587 b=5.7682 c=10.162
	德尔塔(δ)	16.254(320℃)	面心立方	a=4.6371
	德尔塔一撇(δ')	16.346(465℃)	体心四方	a=3.339 c=4.446
	艾普西隆(ε)	16.856(500℃)	体心立方	a=3.636
Am	—	11.948	简单六方	a=3.642 c=11.78
		13.770	面心立方	a=4.894
		15.991	面心立方	a=4.565
Cm	—	13.692	面心立方	a=4.93
		19.498	面心立方	a=4.382
		13.646	简单六方	a=3.502 c=11.32
Cf	—	10.170	面心立方	a=5.473
		8.744	简单六方	a=3.998 c=6.887
		15.284	简单六方	a=3.38 c=11.025
		24.510	三斜	a=3.307 b=7.412 c=2.793 α=89.06 β=85.15 γ=85.7

1.1.3　含锕系元素材料的使用历史

两个天然锕系元素铀和钍最先实际使用。从 18 世纪起，铀盐和氧化铀就作为绿色和黄色的着色剂用在玻璃和瓷器上，这在当时的欧洲广为人知。含铀玻璃(带有浅绿色)出现于古罗马的马赛克镶嵌图案中。美洲印第安人用铀来给涂釉陶瓷上色。钍不能形成具有简单颜色的化学原料，其使用出现在更晚的时期。1891 年卡尔・奥尔・冯・韦尔斯巴赫(Carl Auer von Welsbach)发现在油灯或煤油灯的火苗中含 Ce

的氧化钍会发出强烈的亮光。该发现导致了灯制造商产生对硝酸钍的需求。含ThO_2(其中有1% CeO_2)的特殊灯栅和灯芯仍然在一些露营灯上使用。

有趣的是，钍在照明方面还有其他应用，如用在白炽灯和气体放电灯上。在白炽灯的钨丝里掺入少量的钍可防止钨丝出现再结晶，从而延缓蠕变以增加灯的寿命。钍具有良好的化学稳定性，其α辐射(低放射性的^{232}Th除外)也用在高强度的现代气体放电灯中(可达3500W)。基于Hg卤化物的荧光性(图1.1.2)，使用微量(每个灯10^{-4}g)Th就能在开启灯时形成电弧。在Hg卤化物中掺入Th碘化物可改变灯光的谱线特征。

表1.1.4　锕系元素氧化物的晶体结构(Yagovkina，2009)

锕系元素	锕系元素氧化物	密度/(g/cm^3)	颜色	晶体结构	晶胞参数 a, b, c/Å, α, β, γ/(°)
Ac	Ac_2O_3	9.19	白色	简单六方	a=4.078 c=6.39
Th	ThO_2	10.00	白色	面心立方萤石型	a=5.597
	ThO	—	黑色	面心立方	a=5.302
Pa	Pa_2O_5	—	白色	面心立方萤石型	a=5.455
	PaO	13.439	—	面心立方	a=4.961
	PaO_2	10.472	黑色	面心立方	a=5.505
U	UO_2	10.977	深棕色	面心立方萤石型	a=5.067
	α-U_3O_8	12.547	灰绿色	体心斜方	a=7.062 b=3.81 c=4.142
	U_3O_7	14.537	—	四方	a=5.3811 c=5.5400
	U_2O_5	8.351	—	斜方	a=8.29 b=31.71 c=6.73
	α-UO_3	8.3	棕色	六方	a=3.971 c=4.27
	α-UO_3	8.017	—	单斜	a=6.895 b=19.94 c=6.895 β=90.4
	β-UO_3	8.0	橙色	单斜	a=10.34 b=14.33 c=3.910
	γ-UO_3	7.3	黄色	四方	a=6.89 c=19.94
	δ-UO_3	6.7	深红色	立方	a=4.16

续表

锕系元素	锕系元素氧化物	密度/(g/cm^3)	颜色	晶体结构	晶胞参数 a, b, c/Å, α, β, γ/(°)
U	UO_3	8.7	红色	三斜	a=4.002 b=3.841 c=4.165
Np	NpO_2	11.10	棕黑色	面心立方萤石型	a=5.433(l)-KRI 合成单晶
Pu	PuO_2	11.662	黄色，黄绿色，卡其色，深棕色，黑色(单晶)	面心立方萤石型	a=5.397
	PuO	14.170	黑色	面心立方萤石型	a=4.958
	α-Pu_2O_3	10.670	—	体心立方	a=4.958
	β-Pu_2O_3	11.789	—	六方	a=3.838 c=5.918
Am	AmO_2	11.678	黑色	面心立方萤石型	a=5.388
	AmO	13.397	—	面心立方	a=5.045
	Am_2O_3	—	棕色	六方	a=3.817 c=5.971
	Am_2O_3	10.573	红棕色	体心立方	a=11.03
Cm	CmO_2	11.994	黑色	面心立方萤石型	a=5.366
	Cm_2O_3	10.831	白色	体心立方	a=5.50
	Cm_2O_3	12.019	—	六方	a=3.799 c=5.991
	Cm_2O_3	11.823	—	体心单斜	a=14.282 b=3.652 c=8.9 β=100.3
	Cm_2O_3	11.261	—	菱形	a=10.19 c=9.45
Cf	Cf_2O_3	12.466	—	体心单斜	a=14.124 b=3.591 c=8.809
	CfO_2	12.541	—	面心立方	a=5.312
	Cf_2O_3	11.478	—	面心立方	a=10.838
	Cf_2O_3	12.786	—	六方	a=3.72 c=5.96

氧化钍是一种化学惰性优异的耐火材料，其熔点为 3050℃。因此，氧化钍可用作空气中高温实验的坩埚耐火材料(其他坩埚耐火材料包括 ZrO_2 和 MgO，它们的熔点分别为 2700℃和 2825℃)。

(a)

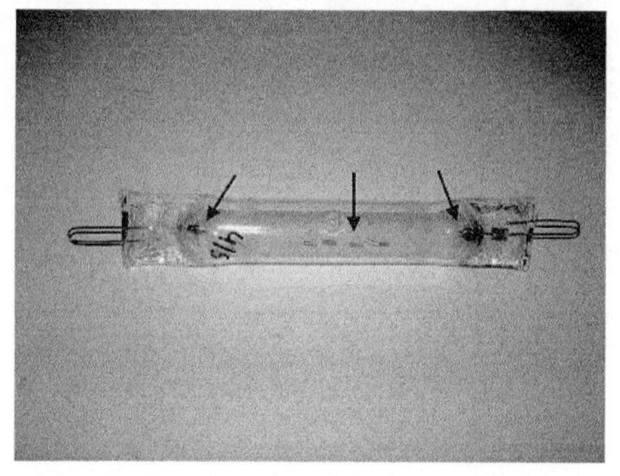

(b)

图 1.1.2 (a)使用 Th 掺杂钨电极的高效气体放电灯，分散的 Th 被密封在硅胶玻璃胶囊里；(b)在激活和制造整个灯之前灯-熔丝的初始状态。Hg 盐与金属 Th 粉末(中间箭头)混合的小片放置于充满氩气的玻璃管中。首先，位于左右两侧两根 Th 掺杂的钨电极(图中左右两个箭头)之间强大的放电电流使 Hg 盐和 Th 蒸发，从而激活灯-熔丝。Th 产生 α 辐射电离惰性气体，从而在开灯过程中稳定电弧发射

19 世纪末以来，天然铀矿一直是镭的来源。镭最初吸引了世界核研究界的关注。后来，因为铀是第一颗原子弹中的重要元素而受到更多关注。尽管 ^{235}U 是武器材料，但其在现代核武器中应用有限。在很大程度上它已经被 ^{239}Pu 所代替。然而，如果将来钍核循环被应用，作为钍辐照嬗变产物的 ^{233}U 可能在武器应用方面与 ^{239}Pu 形成竞争。有时金属 ^{238}U 用于防护“硬”(hard)伽马辐射，同时也用于热核武器中。铀的自燃性质(pyrophoric nature of uranium)和其高密度意味着它在“常规”(regular)武器中也有应用。特殊穿甲弹中的一些核心部件是由贫铀(depleted metallic uranium，DU)制造的，这类穿甲弹可击穿坦克和装甲车。这样的“常规”武器被美军和北约部队广泛地使用在 1991 年的海湾战争和 1999 年的科索沃战争中。据有关消息(Guardian Unlimited，2000)，在科索沃战争中就使用了 10t 贫铀，造成几十处的土壤污染。英国坎布里亚 Eskmeals 的一些兵营也被贫铀严重污染。

锕系元素在军事上的应用，不得不提到 ^{227}Ac(锕)。作为特殊的中子源，它用来引爆第二代核武器。

^{238}U 和 ^{235}U 作为民用核燃料的应用广为人知，而 ^{239}Pu 在混合氧化物(mixed oxide，MOX)核燃料中的应用正在增加(见第 2 章)。如果将来铀资源短缺，或者印度和美国进行的研究及开发进展顺利，基于 ^{232}Th 的核燃料在将来可能会有广泛应用。

基于放热性能的锕系元素同位素(^{238}Pu、^{242}Cm、^{244}Cm)已经应用到热电装置上。美国的航天飞机使用了基于 ^{238}Pu 的热电装置，其产生的能量为 2.9～25W。1978 年，苏联研发了一个功率为 1000W、工作温度为 950℃的 ^{238}Pu 热电池“Vysota”

(KRI，1997)。俄罗斯和其他国家建议在心脏起搏器中使用含高纯的 ^{238}Pu 的 PuO_2(表 1.3.1)。但是，天然的氧有三种同位素：^{16}O–99.76%，^{17}O–0.04%，^{18}O–0.20%。由于 α 辐照下 ^{17}O 和 ^{18}O 的中子产额高，天然氧在该应用中不理想。由于 Pu 核会发生裂变，1g ^{238}Pu 每秒只放射出 2600 个中子。在氧化物状态(天然氧)下，1g ^{238}Pu 释放的中子超过了人体健康的极限(1.7×10^4 中子/s)。因此，作为医疗目的的 ^{238}Pu 产物必须将 ^{17}O 和 ^{18}O 两种同位素的总含量降低至 0.01%(而不是 0.24%)。这样纯化后 $^{238}PuO_2$ 的中子发射在医疗使用中可以接受(1.68×10^4 中子/(s · g ^{238}Pu))。KRI 对此进行了研制，俄罗斯 Mayak 镭研究所大量生产了此产品，但并没有付诸使用(KRI，1997)。

一些锕系元素化合物表现出超导性，如 UPt_3(临界温度 T_c=0.48K)、UBe_{13}(T_c=0.85K)、$PuCoGa_5$(T_c=18.5K)和 $PuRhGa_5$(T_c=9K)。因为存在临界温度更高的惰性超导体，这些含锕系元素的超导体在将来不太可能有应用前景。

一些锕系元素被用作两类中子源：基于 ^{227}Ac、^{238}Pu 和 Be(Be 在 α 辐照下放射出中子)的“α-中子”或“α/n”，以及能自发裂变产生中子发射的 ^{252}Cf 和 ^{254}Cf 直接中子源(1g ^{252}Cf 和 1g ^{254}Cf 能分别放射出 3.03×10^{12} 中子/s 和 1.35×10^{15} 中子/s)。但操作 ^{252}Cf 和 ^{254}Cf 需要在有吸收中子的水泥和充有高密度 $ZnBr_3$ 溶液的厚窗户的高放射性物质屏蔽工作室进行。

镅被大量地使用在烟雾探测器中(其量在数十分之一微克的范围)。

总之，锕系元素家族在人类发展的很多领域具有吸引人和有望广泛应用的特性。但目前存在一些障碍，严重地阻碍了相关应用，这些障碍包括对核扩散的担心、多数锕系元素的高放射性，以及对放射性的严重担忧。

1.1.4　高毒性和长期放射性

除 ^{232}Th、^{238}U 和 ^{235}U 之外，多数锕系元素同位素都非常危险，在专业操作中它们的内摄入须严格限制(表 1.1.2)。尽管一些锕系元素也具有特别的伽马辐射和中子辐射(特别是在与 Be 和其他轻元素的混合物中)，但与锕系元素有关的危害主要与 α 辐射有关。它们可能也具有化学毒性。例如，在动物体内 ^{235}U 的致死量仅为 2mg/kg。

α 粒子不能移动到很远的距离。在空气中运动时，每个 α 粒子在行程中电离出 1.3×10^5～3.5×10^5 对离子。在干燥空气中，它们的移动距离不会超过几厘米，在生物组织中只有几十微米。高密度固体材料能阻止 α 粒子迁移。因此，一张纸或人们的皮肤就可产生足够的屏蔽来阻挡 α 辐射。但是，吸入体内带 α 辐射的物质会造成有机分子断键并形成致癌的自由基，导致生物组织严重损伤。5MeV α 粒子在生物组织中可移动大致 40μm，能穿透该范围内的 10000 多个细胞。在人体通常的 pH 下，多数锕系元素能在液体中形成放射性胶体。相对于锕系元素的离子形态，这些胶体能更有效地克服生物屏障。同时，放射性胶体能被生物组织吸收，不易被排泄。吸入的约 10%Pu 和 25%U 仍然留在人体内。Pu 的生物周期(通过生物交换从体内完全释放)大致为 100 年。

含量极低、具有高 α 放射性的锕系元素可穿透哺乳动物的身体，引起癌症。有报道(Berdjis，1971)表明每千克体重吸收了微克量级 $^{239}PuO_2$ 的狗出现了肺癌，而骨癌出现的剂量是 0.26μg/kg。美国 Rocky Flats 公司雇员患淋巴瘤的人数在统计学上严重超标，他们体内 ^{239}Pu 的含量大于 0.03μg。多数长寿命锕系核素的长期慢性毒害比它们的急性毒害更需要关注。对钚同位素而言，人体被辐照后，在肺部或骨内形成固体肿瘤需要大约 20 年的潜伏期(Hoffman，2002)。通过肺和消化系统进入人体内的可溶解的锕系核素组分主要分布在骨骼、肾脏和肝脏中。锕系核素在人体特定器官中的聚集与其化学形式和价态有关。例如，Pu^{3+}、Np^{5+}和 Np^{6+}主要被骨骼的近表面吸收，而 Pu^{4+}和 Np^{4+}趋于聚集在肝脏组织中。长期聚集在肝脏的锕系元素可能转移到骨骼里。在不同条件下吸入二氧化钚会导致一系列的生物学效应(ICRP，1986)。在温度高于 600℃时形成的 $^{239}PuO_2$ 被吸入人体后，不会离开肺。相反，常温下制备的 $^{239}PuO_2$，大约有 20%从肺进入血液，再于人体骨骼和肝脏中汇聚。吸入的 $^{238}PuO_2$ 从呼吸系统转移到血液系统的速度比低温制备的 $^{239}PuO_2$ 至少快三倍(Il'in and Filatov，1990)。

含锕系元素的盐溶液能穿透人体皮肤。有报道表明，皮肤暴露在 6.7%的硝酸铀酰溶液下 5min 后，血液中铀的浓度会高达 0.2～1.0μg/mL。Pu 和 Am 液体经过皮肤进入人体的剂量在一较大的区间(0.01%到百分之几)变化，对于损伤的皮肤其值会增加 100～250 倍(Il'in and Filatov，1990)。

对在放射性化工厂居住或者在涉核单位附近工作的人(不是在这些单位工作)而言，该地区的 Pu、Np、Am 和 Cm 含量有严格限制。空气中限值为 10^{-6}Bq/L，水中限值为 70～130Bq/L。

所有锕系元素在环境中都具有高迁移性，这对长寿命的同位素(如 ^{237}Np、^{239}Pu 和 ^{241}Am)是严重的问题(表 1.1.2)。没有密封的强 α 辐射元素的氧化物会形成自蔓延放射性尘埃和气溶胶。在辐射作用下浓缩的含锕系元素的水溶液会生成 H_2O_2，并通过放射性气溶胶释放。

需要注意的是，目前使用超过一定量的锕系元素需要获得各自国家的许可，这个最低使用量的许可标准处于下降趋势。这种趋势不是基于锕系元素放射性的新数据，而是基于减少在恐怖袭击中使用锕系元素风险的政府官方的努力。例如，俄罗斯 ^{232}Th 的最低使用许可量从 900g (表 1.1.5)减少到 0.25g(*Aprohim*，1999)。

表 1.1.5　俄罗斯国家锕系元素工作安全标准要求
(*Standards of Radiation Safety* NRB-76/87，1988)

同位素	核工作参与者肺年摄入量限制/μg			许可批准的在工作场所的最低开源放射性强度(锕系元素的量)，因此批准需要/μCi(μg)
	骨骼	肾脏	肺	
^{227}Ac	0.00004	0.0004	0.0004	0.1(0.001)
^{230}Th	0.1	0.3	0.6	0.1(5)
^{232}Th	20000	70000	100000	100(900000000)
^{231}Pa	0.03	—	3	0.1(2)
^{233}U	150	70	15	1(100)
^{234}U	240	110	—	1(160)
^{235}U	370000	300000	80000	1(50000)
^{236}U	10000	20000	2000	1(20000)
^{238}U	2300000	550000	480000	100(300000000)
^{237}Np	—	7	210	0.1(140)
^{238}Pu	0.0001	—	0.003	0.1(0.006)
^{239}Pu	0.03	—	0.8	0.1(1.6)
^{240}Pu	0.009	—	0.2	0.1(0.4)
^{242}Pu	0.6	—	15	0.1(26)
^{241}Am	0.002	0.002	0.04	0.1(0.03)
^{243}Am	0.04	0.04	65	0.1(0.5)
^{244}Cm	0.0002	—	0.002	0.1(0.001)
^{245}Cm	0.004	—	0.8	0.1(0.6)
^{246}Cm	0.02	—	0.4	0.1(0.3)
^{247}Cm	67	—	1444	0.1(1100)
^{248}Cm	0.2	—	4	0.1(20)
^{251}Cf	0.001	—	0.08	0.1(0.06)

1.1.5　锕系核素固化的需求

多数锕系元素同位素都是极端危险的，需要固化(immobilisation)处理。一般而言，固化是指将放射核素转变到一个对环境而言安全的状态(Ojovan and Lee，2005)。然而，固化具体含义根据环境不同有些差异。国际原子能机构(International Atomic Energg Agencg，IAEA)定义固化是以减少在操作、运输、储存或处置中放射性核素的潜在迁移和扩散为目的，通过固体凝固、嵌入或封装的方式将废物转化为废物固化体的过程(*Radioactive Waste Management Glossary*，2003)。考虑到将来可能的应用和最终的处置，我们坚持对锕系核素的固化做一个严格定义。因此，锕系核素固化是指将它们转化为最稳定的形态以便用于先进核燃料、特殊 α 辐射源、嬗变靶材、耐用自发光材料以及最终用于地质处置的废物固化体。

固化过程应该达到以下目的。

(1) 降低合成的含锕系元素材料在操作、运输、保存和处置中的放射性危害，这些合成材料可以是不容易溶解和挥发的不同介质(包括核反应堆、地质环境、海水、太空和生物组织)。多数情况下，含锕系元素基体材料需具备力学稳定性和抗辐照性能，避免产生高 α 放射性物质，如尘埃或热粒子。

(2) 完全杜绝利用固化材料中的锕系物质直接作为核武器原料或被恐怖分子用在“脏弹”(dirty bomb)中的可能。

锕系核素被固化后，锕系材料被偷窃或非法运输的可能性大大降低。1993～2003 年，IAEA 报道了十起非法交易高浓缩铀(20%以上的 ^{235}U)和七起非法贩卖钚的事件(Orlov，2004)，其中一起涉及 0.3kg 钚。

1.2 天然锕系元素和矿物

1.2.1 晶质铀矿、沥青铀矿和方钍石

铀和钍是仅有的天然锕系元素，可形成具有其自身特征的矿物。从地质化学角度看，铀和钍基本上是不同的。尽管铀和钍元素可以通过化学混合的方式出现，但不存在完全包含 U-Th 元素矿物的矿场(即这种矿场既含有铀特征矿物，也含有钍特征矿物)。铀和钍的主要天然氧化物矿石是晶质铀矿(uraninite，UO_2)和方钍石(thorianite，ThO_2)，它们具有相同的萤石相立方结构(表 1.1.4)，理论上它们可形成完全固溶体$(U, Th)O_2$。但是，在自然界中并没有发现该固溶体系统的一些相。纯结晶相的晶质铀矿(不含 Th)和方钍石(不含 U)非常稀少，只偶尔在矽卡岩(skarns)和一些高温下形成的水热岩石中发现过。

晶质铀矿一般含 3%～10% ThO_2，但有的也可含高达 20%～25% ThO_2。通常，高温下形成的晶质铀矿钍含量高。在方钍石中存在的铀一般为 4%～14% UO_2。方钍石中含铀达 35%～38% UO_2 时，称为“铀-方钍石”。通常情况下，晶质铀矿和方钍石含有稀土元素的混合物(百分之几到 10%)。年代久远的矿物含有由放射性核素衰变产生的铅(含量可高达 10%～17% PbO)和容易探测的、由衰变产生的氦(特别是在方钍石中)。由于铀的氧化性能，天然的晶质铀矿从来不会有理论化学配比的 UO_2，考虑为 UO_2 和 UO_3 的混合物更恰当。氧化铀(UO_2+UO_3)在晶质铀矿

中的含量可能为 67%～93%(Soboleva and Pudovkina，1957)。

一些天然晶质铀矿样品尽管已存在数百万年，但它们在化学上并不稳定。在自然条件下，晶质铀矿会被次生铀矿物代替，如硅酸铀(图 1.2.1)，或者与水和空气接触形成氢氧化铀(uranium hydroxide)和羟基碳酸铀(uranium hydroxycarbonate)。有关天然晶质铀矿是乏燃料的稳定类型的看法是不正确的。天然方钍石在化学上是比较稳定的矿物，能在冲积矿床中发现它们(图 1.2.2)。

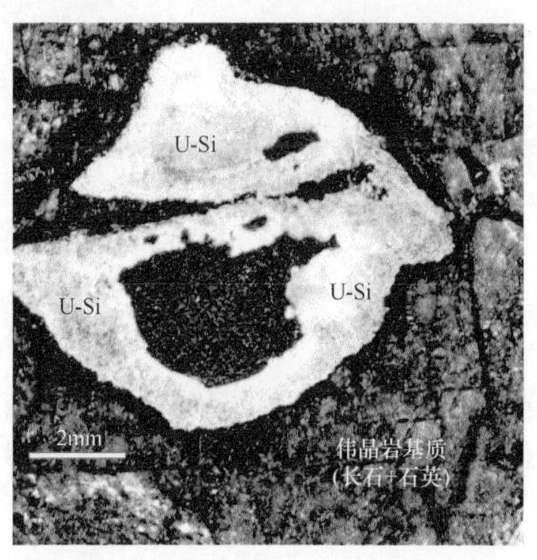

图 1.2.1　伟晶岩里蚀变的晶质铀矿晶体(俄罗斯，卡累利阿)，未抛光表面的反光(暗场)照片。黑色相是残留晶质铀矿，它被黄灰色相(U-Si)的次生铀矿物(U-硅酸盐)包裹

图 1.2.2　冲积矿床里得到的铂晶粒和三块方钍石的立方晶粒(俄罗斯，乌拉尔地区)

另一个广为人知的氧化铀矿物是沥青铀矿(pitchblende)。它被认为是在比晶质铀矿(≥500℃)更低的温度(≤200～250℃)下由凝胶形成的。较低的形成温度导致沥青铀矿石形状多为球形(图 1.2.3)。铀的氧化态比值(UO_2/UO_3)可以在沥青铀矿球体

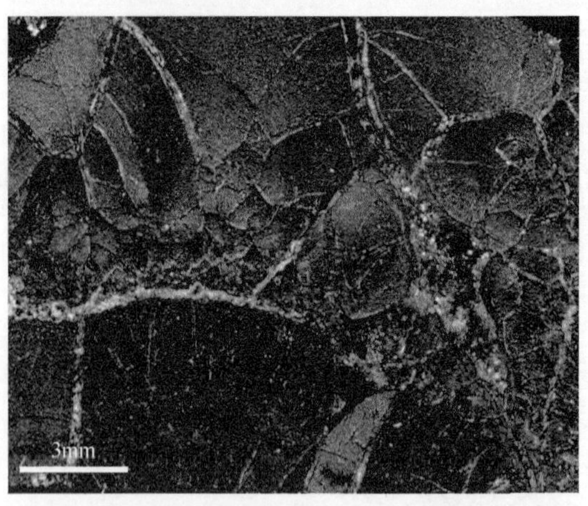

图 1.2.3　沥青铀矿(来自捷克共和国)打磨(没抛光)表面的反射光(暗场)像。白色的相是带有黄铁矿(Fe_2S)颗粒的方解石($CaCO_3$)

的各层中出现较大的变化范围。不同于晶质铀矿，沥青铀矿通常没有 Th 的混合相。世界上最大的铀矿主要是沥青铀矿。天然铀矿的原矿石表明在自然环境下沥青铀矿化学稳定性较低，因为在从岩石中开采出来不到数月，沥青铀矿的表面就形成了次生铀矿物(氢氧化铀和羟基碳酸铀)。

1.2.2　铀石和钍石

硅酸铀、铀石(coffinite)具有 $USiO_4$ 的化学分子式和锆石的四方结构。但天然的铀石非常稀少，一般处于蜕晶化(在 XRD 分析上为非晶态)的状态，并可能含水。由于合成条件不明确，很难得到合成铀石。

钍石(thorite，$ThSiO_4$)，与铀石晶体结构类似，但更稳定。钍石多发现于冲积矿床中，常处于完全蜕晶化和部分吸水的状态。天然的钍石可能含 1%～2%的 UO_2/UO_3、ZrO_2、P_2O_5 和可以检测到的衰变产生的 Pb 和 He。合成钍石可通过熔化方法得到(见 4.7 节)。

1.2.3　钛铀矿

钛铀矿(brannerite)的化学分子式为 UTi_2O_5，具有单斜晶体结构。天然的钛铀矿能含有百分之几的 CaO 和 Fe_2O_3，以及高达 8%的稀土元素和 ThO_2(Soboleva and Pudovkina，1957)。它一般处于蜕晶化状态，并且由于环境的变迁在沿着晶界或晶体内部的裂纹形成 Ti-氢氧化物层。在冲积矿床很少能发现硅酸铀，因为在长期的地质环境下它的化学稳定性并不高。

与钛铀矿类似的天然含 Th 矿物是钍钛矿 $ThTi_2O_6$。这个矿物非常稀少，目前尚不清楚它的长期地质化学稳定性。

1.2.4　其他各类矿物

研究天然生长铀矿物(氧化物、硅酸盐和钛酸盐)并不能支持它们是具有稳定化学性能和力学性能的材料以及它们能在长期的开放地质环境中“幸存”的看法。所有古老(上亿年)的铀矿物只发现于特殊的岩石中。随着岩石的自然风化，所有的原生铀矿物会迅速发生化学蚀变。

天然钍氧化物和钍硅酸盐一般比它们的铀同类物更稳定一些。尽管钍矿物也受辐照损伤(蜕晶化)、吸水和其他化学过程的影响，但它们在冲积矿床环境条件中表现出长期稳定性。

1.3　人工锕系元素

1.3.1　核燃料循环中的锕系元素生产

从开启核时代以来，核燃料循环不可避免地用于核武器的生产。最早的两个核大国，美国和苏联选择开发铀燃料循环来生产核武器的两个主要同位素：^{235}U(从天然铀矿中提纯)和人工合成的 ^{239}Pu(通过中子辐照 ^{238}U)。核能的民用基于铀燃料循环，这算是“冷战”和武器竞赛的遗产。此外，天然钍也能用在核燃料循环和生产 ^{233}U 中，^{233}U 是生产核武器的第三个重要的同位素。钍嬗变的简单过程如下：

$$^{232}Th+n \rightarrow \cdots (^{233}Th, {}^{233}Pa) \rightarrow {}^{233}U \rightarrow \cdots \tag{1.3.1}$$

美国和印度正研究如何在核燃料循环工业中大规模利用钍(这两个国家拥有大量的钍矿场)。相对于铀乏燃料，铀-钍乏燃料中含有少量 Pu、Np、Am 和 Cm。在本书撰写时，印度正在开发钍燃料循环，试运行了一台实验用钍-铀反应堆。

用于不同反应堆(如压水式反应堆(pressurized water reactor，PWR)、轻水堆(light-water reactor，LWR)、管式铀石墨反应堆(channel-type uranium-graphite reactor，RBMK)及特殊的潜水艇核反应堆)的常规无辐照或者“新鲜”铀核燃料都含有 UO_2。英国的第一代 Magnox(镁诺克斯，译者注)反应堆是个例外，它使用的是天然(没有纯化)的金属铀。铀被包在一种叫 Magnox 的合金中，该合金含 Mg，掺杂了 Al(0.8%)和 Be(0.005%)。铀燃料由两种同位素组成：^{238}U 和 ^{235}U。^{235}U 的主要作用是支持链式反应。

一个慢中子(能量小于 100eV)可引起 ^{235}U 核分裂，形成两个更小的裂变产物(fission products，FPs)，并释放两个或三个中子(平均是 2.5 个)。它们能够捕获和分裂其他的 ^{235}U 核。

$$^{235}U+n \rightarrow {}^{236}U \rightarrow \text{FPs+粒子+能量(197MeV)} \tag{1.3.2}$$

1kg ^{235}U完全裂变产生的核爆炸能量等效于1.7万t三硝基甲苯(trinitrotolouene，TNT)炸药。然而，真正核爆炸产生的能量是远小于该值的。投放在日本广岛的原子弹含60kg高纯铀，但其爆炸的能量只相当于1.5万t TNT。

能量为5eV到几兆电子伏的中子能被^{238}U有效吸收，引发^{238}U嬗变，产生钚同位素。这些反应之一是产生^{239}Pu：

$$^{238}U+n\rightarrow {}^{239}U\rightarrow {}^{239}Np\rightarrow {}^{239}Pu\rightarrow\cdots \tag{1.3.3}$$

能量在5eV以下的中子被^{238}U核一次次地散射。为在(^{238}U, ^{235}U)-氧化物燃料中维持链式反应，需维持适当的中子数(最好是慢中子数)，以便到达稳定状态。^{235}U核释放的中子数应超过参与链式反应或其他原因而损耗的数，从而引起另一个^{235}U核的裂变。一个有效的核反应堆需具备以下三个特点。

(1) 燃料中需要有适当比例的$^{235}U/^{238}U$或者浓缩的^{235}U。

(2) 考虑到部分中子在没有参与^{235}U核分裂的情况下逃逸出反应堆室，燃料中^{235}U的含量须达到临界体积或者所谓的“临界质量”(IRSN，2001)，以足够维持裂变链反应。

(3) 使用中子慢化剂(如重水、石墨、水)来获得能量在5eV以下的中子，并防止中子被^{238}U大量吸收掉。

^{235}U是唯一可从天然矿石中大量提纯的可核裂变同位素。140kg天然铀矿(0.72%)中^{235}U的含量为1kg。天然铀矿中主要含^{238}U及混合的^{235}U和^{234}U。20亿年前，^{235}U在铀矿中的含量是3%～4%。在非洲加蓬共和国奥克洛矿区发现了“天然核反应堆”(Gauthier-Lafaye et al.，1996)。从天然铀矿中分离^{235}U是一项复杂且昂贵的工作。因此，高浓铀(含80%以上的^{235}U)只有有限的应用(如核潜艇上的紧凑核反应堆)。对氧化铀燃料的普通浓缩只能达到2%～8%的浓度。铀燃料中低浓缩铀的典型成分是：^{238}U–95.00%；^{235}U–4.05%；^{234}U–0.95%(King and Putte，2003)。

反应堆运行时，70%～75%的^{235}U和只有2%～3%的^{238}U燃烧掉，生成新的锕系元素，如Pu、Np、Am和Cm及其他人造放射性核素。多数(80%)消耗掉的^{235}U是通过裂变方式烧掉的，少数(20%)捕获中子形成^{236}U。新形成的^{236}U进一步捕获中子，形成^{237}Np，然后部分(25%)转变为^{238}Pu。多数(93%)消耗的^{238}U通过捕获中子形成^{239}Pu而燃烧掉，只有7%涉及快中子裂变。图1.3.1给出了反应堆中典型的核反应情况随时间的变化曲线(Cohen，1977)。

乏燃料(spent nuclear fuel，SNF)中锕系元素的含量取决于浓缩铀的级别、反应堆的类型和燃料燃烧的程度。1t乏燃料含有970～930kg氧化铀、5～10kgPu、0.2～0.8kgNp、0.2～2.1kgAm和0.01～0.2kgCm。一个1000MW的LWR每年产出大约1t的Pu和总量为30kg的次锕系元素，如Np、Am和Cm。因而，Pu是氧化铀核燃料燃烧后形成的主要锕系元素。下面是反应堆中铀嬗变的简要流程：

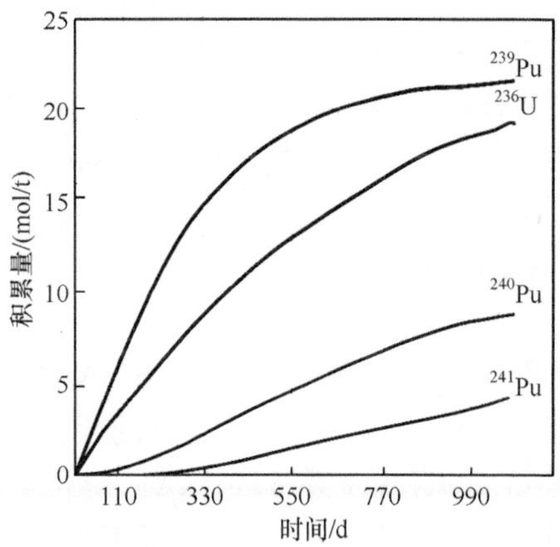

图 1.3.1　反应堆中心主要锕系核素随时间的积累情况(Cohen，1977)。如果要估算锕系核素的浓度(ppm，原子比)，图中数据需乘以锕系核素的原子质量

$$^{235}\mathrm{U}\rightarrow\cdots(^{237}\mathrm{Np},\ ^{238}\mathrm{Np})\rightarrow{}^{238}\mathrm{Pu}\rightarrow\cdots \tag{1.3.4}$$

$$^{238}\mathrm{U}\rightarrow\cdots(^{239}\mathrm{Pu},\ ^{240}\mathrm{Pu},\ ^{241}\mathrm{Pu})\rightarrow{}^{242}\mathrm{Pu}\rightarrow\cdots \tag{1.3.5}$$

中子辐照 ^{239}Pu 会导致其嬗变成新的 Pu 同位素和其他锕系核素。图 1.3.2 给出了 ^{239}Pu 受辐照后锕系核素随时间的积累情况。

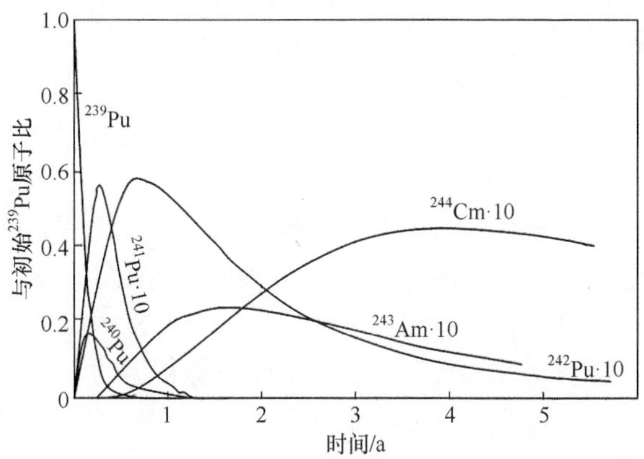

图 1.3.2　中子辐照 ^{239}Pu(剂量率 3×10^{14}n/(cm^2·s))产生的锕系核素随时间的积累(Hyde and Seaborg，1957)

乏燃料在后处理过程中，先用硝酸溶解，然后对铀和钚进行提纯，使其进入核工业循环或暂存起来。Np、Am 和 Cm 这些次锕系元素以及新生成的其他放射性核素(裂变产物)在乏燃料中占 3%～5%，现在一般是通过玻璃固化以形成高放玻璃固化体来处理。

1.3.2 武器级钚

由于反应堆的类型和核燃料的燃烧程度不一样，从乏燃料中提取的钚的同位素成分在一个比较大的范围变化，但还是可使用于核武器中。全世界钚的总储存量未见报道，粗略估计表明在 21 世纪初大概至少有 2000t。一个 1000MW 的反应堆(如 LWR 和 RBMK)每年可制造约 1t 的钚，这导致世界钚的总储存量每年至少增加 100t。

在现代核武器中受青睐的钚同位素是 ^{239}Pu。55.6g ^{239}Pu 完全裂变放出的能量相当于 1000t TNT 炸药。当然，实际核爆炸能达到的能量要小很多。例如，在 1945 年投在长崎的代号为“胖子”的钚原子弹含 6.1kg 钚，但其爆炸当量是 2.1 万 t TNT。控制核武器爆炸能量的一个因素是 ^{240}Pu 含量，它能通过自发裂变产生中子。这种中子可以非常快地引发链式反应，以至于有效地引爆核弹头。在钚核弹头中掺入高于 7%的 ^{240}Pu，会导致核爆炸的结果不可预测。普通乏燃料中提纯的钚同位素不具有制造高能量核武器的最佳组分。因此，只能在特殊的反应堆里生产 ^{240}Pu 含量低于 7%的武器级钚。这是一种典型的带石墨慢化剂的反应堆，在常压下用气体或水来冷却，能够进行在线燃料元件交换，例如，在 $^{240}Pu/^{239}Pu$ 物质的量比值相对低时，它可以消耗较少的燃料(图 1.3.1)。

^{238}Pu 的 α 放射性比 ^{239}Pu 高约 300 倍(表 1.1.2)。该同位素曾被认为是一个完全“民用”的材料。例如，它作为热源被用在放射性同位素热电发生器、心脏起搏器的核电池以及加速辐照损伤的研究中。然而，^{238}Pu 辐射毒性极高。^{238}Pu(以及其他钚同位素)是潜在的“脏弹”材料，可能被用于恐怖袭击。它也以密封辐射源的形式用于一些小用户管理的应用场所。^{238}Pu 可作为热源和核电池用在无人航天飞船和行星际探测器上。俄罗斯对钚的分类情况见表 1.3.1。

值得重点关注的是现代核武器弹头中使用的并非纯金属钚，而是掺有 1%～5%镓(Ga)的钚合金。掺镓的作用是稳定钚的 delta 相(δ-Pu)。镓混合物常伴随含钚的材料和废物出现，可以将武器级钚直接转变为 MOX 或钚陶瓷燃料，使嬗变反应难以进行。1kg 典型的武器级钚在 50 年期间里会积累约 0.2L 氦、3.7g 镅和 1.7g 铀。金属钚(图 1.3.3)在化学上比金属铀更活跃。在 50℃的干燥空气中，它会慢慢氧化形成一层 PuO_2 膜。

表 1.3.1 钚的分类(Stukin and Bystrova，2003)

钚的类型	临界同位素含量/%
超纯(主要同位素 ^{239}Pu)	$^{240}Pu \leqslant 2\sim3$
武器级(主要同位素 ^{239}Pu)	$2\sim3 < ^{240}Pu < 7$
燃料型(主要同位素 ^{239}Pu)	$7 \leqslant ^{240}Pu \leqslant 19$
反应堆型(主要同位素 ^{239}Pu)	$^{240}Pu > 19$

续表

钚的类型	临界同位素含量/%
工业用	$20 \leqslant {}^{238}Pu \leqslant 80$
医疗用	${}^{238}Pu > 80$

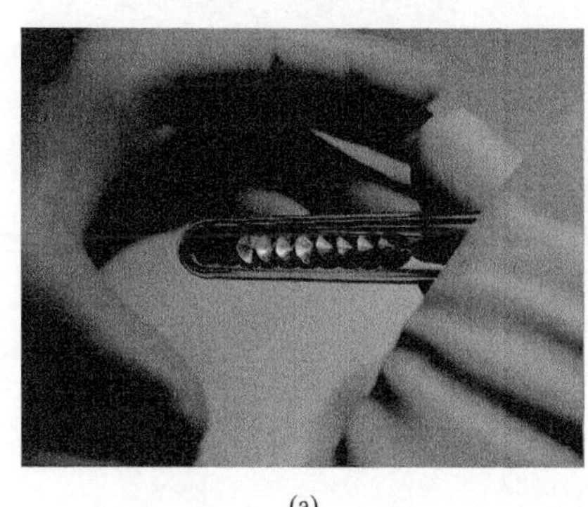

(a)

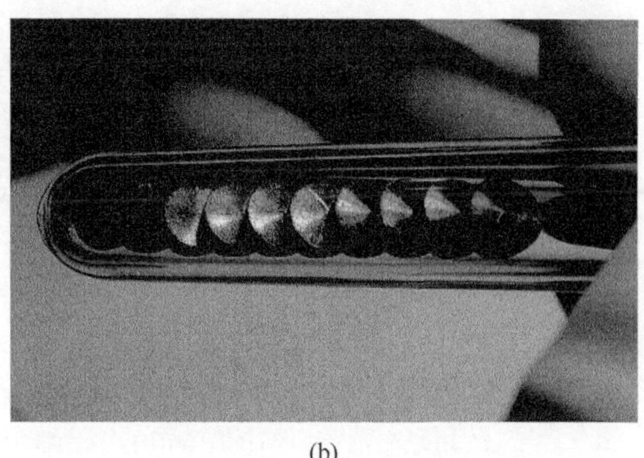

(b)

图 1.3.3 实验室使用的纯金属钚片，每片直径是 5mm，大约重 0.5g。覆盖钚金属表面的灰-蓝氧化膜明显可见。为安全保存，玻璃管充有惰性气体，并进行了密封

湿度相对高的空气会加速钚的氧化，导致在钚金属表面形成有孔隙的 PuO_2 层。在室温的潮湿空气中，钚的腐蚀速度比在室温的干燥空气中快 200 倍；而在 100℃时，要比干燥空气中快 100000 倍。钚在湿润氩气中的氧化比在湿润空气中更快，这表明水是钚氧化的主要起因，而不是空气。整块的金属钚(几毫米大小)在 300～500℃(取决于热源)的空气中会自燃，但更细的粉末在 150～200℃就能自燃。

常见的钚同位素主要通过释放能量为 5MeV 的 α 粒子进行衰变。1g ${}^{238}Pu$ 能产生 0.56W 热，比 ${}^{239}Pu$(0.002W)和 ${}^{242}Pu$(0.0001W)产生的热量更高。这样一来，装有 ${}^{238}PuO_2$ 的密封不锈钢容器表面温度要高于室温。

PuO_2 常存在于钚废物中或者从退役的核弹头中的金属钚转变而来。在 1250℃高温烧结后能得到理想化学配比的 PuO_2。1～2mm 大小的 PuO_2 单晶(图 1.3.4)(用作电子探针分析和 XRD 分析的标样)可通过熔盐法获得(见 4.7 节)。

高温烧结 PuO_2 具有相对低的化学活性，难以溶于酸中。在开发研制陶瓷合成工艺中选择起始前驱体时，需考虑它的这个特性。在长期储存中，烧结合成的 PuO_2 的自辐照能降低其化学稳定性。合成 20 年后，${}^{238}Pu$-氧化陶瓷片能被硝酸迅速溶解，而同样条件下合成的 ${}^{239}Pu$-氧化陶瓷片却不会被溶解(Zirlin et al.，2008)。有报道表明，在蒸馏水中 ${}^{238}PuO_2$ 的溶解率比 ${}^{239}PuO_2$ 高 100 倍(Patterson et al.，1974)。各种钚同位素的生物行为是不同的：如果烧结的 ${}^{239}PuO_2$ 被吸入，它将留存于肺中；而 ${}^{238}PuO_2$ 和没烧结过的 ${}^{239}PuO_2$ 却非常容易在人体中移动，能从肺进

入血液系统中。

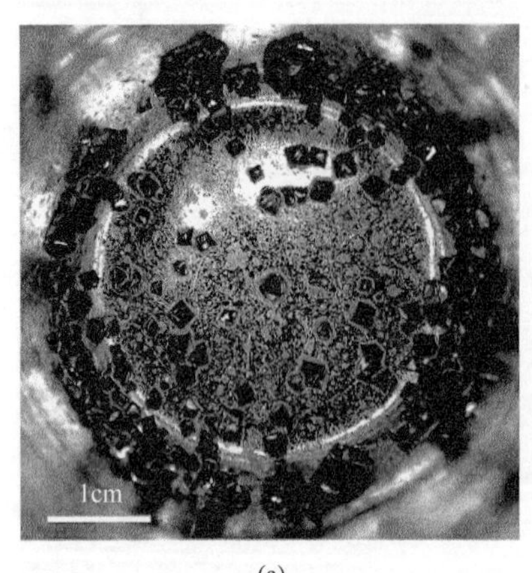

(a)

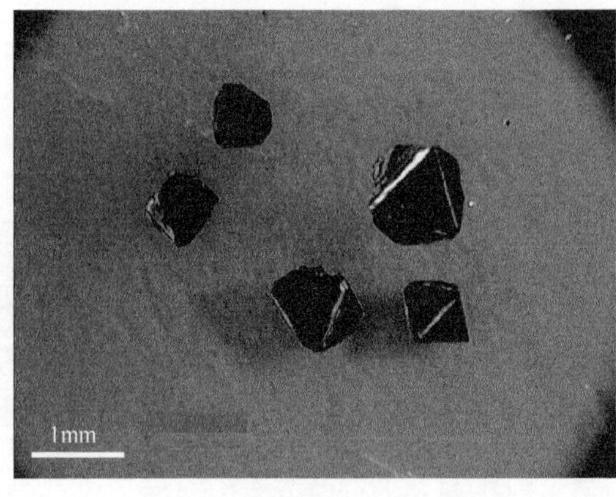

(b)

图 1.3.4　KRI 利用熔化方法获得的 PuO_2 单晶：在合成后铂坩埚底部形成的单晶(a)和在氢氧化铵和硝酸清洗以后的单晶(b)。合成的 PuO_2 的晶胞参数为 a=5.397(1)Å

200～500℃的温度下，在惰性气体中蒸汽预处理或者在沸腾的硝酸中加入氢氟酸(HF)，可导致 PuO_2 的溶解性增强。在硝酸水溶液中钚能达到的最高浓度是 150g/L。

钚使用中的一个严重困难是临界问题。没有其他材料包裹的纯 ^{239}Pu 的临界质量是 10kg，^{240}Pu 是 40kg(Mark，1993)。在有中子反射层存在时这些临界值会小一些。溶液中 ^{239}Pu 的临界质量是 200g，在纯金属和合金中 ^{239}Pu 的临界质量是 1kg(Fishlock，2005)。工业处理钚不会在大于 4.8L 的容器中进行，或者不会在钚溶液中的钚浓度大于 8g/L 的情况下进行(Fishlock，2005)。

1.3.3　次锕系元素

1. 镎 237

镎 237(neptunium-237，^{237}Np)是固化过程涉及的最重要的长寿命次锕系元素之一。作为 ^{235}U 的嬗变产物，它能够在乏燃料中积累(每吨乏燃料中 Np 的含量通常为数百克)。^{237}Np 来自 ^{241}Am 的衰变。^{237}Np 的半衰期超过二百万年(表 1.1.2)，导致 Np 固化困难。像其他锕系元素一样，镎化学活性高，能与其他很多元素形成化合物，如卤素元素、氧和氢。镎在天然环境中的迁移性远比钚大，镎可溶解于水，并且趋于存在于地下水中，而不像钚和镅能够被土壤吸收。

镎能用于中子探测设备中。需要固化的镎通常形态是硝酸水溶液(来自乏燃料后处理)和氧化物。在空气中硝酸镎经低温(275～450℃)煅烧会形成 Np_3O_8，类似

U_3O_8。通过在空气中 700～800℃烧结镎盐(具有任何氧化态的 Np)可获得理想化学配比的 NpO_2。尺寸在 1～4mm 的 NpO_2 单晶可用熔化方法合成(图 1.3.5)。尽管 Np_3O_8 易被硝酸溶解，烧结后的 NpO_2(与烧结过的 PuO_2 类似)却难以溶解于酸中。热 H_2SO_4 经常用来溶解 NpO_2。

(a)

(b)

图 1.3.5　KRI 通过熔化方法合成的 NpO_2 单晶。在铂金丝晶籽上生长的晶体聚集物(a)和在氢氧化铵和硝酸中处理后的单晶(b)。NpO_2 的晶胞参数是 a=5.433(1)Å

2. 镅

镅(Am)的两个主要同位素 ^{241}Am 和 ^{243}Am 以共生物(混合物)的形式在不同的乏燃料中逐渐增加(每吨乏燃料中镅的含量在数百克到数千克)。$^{241}Am/^{243}Am$ 的同位素物质的量之比取决于反应堆的类型和燃料燃耗。一般热堆的乏燃料中 ^{241}Am 的含量比 ^{243}Am 的含量低 2 倍，但快堆中 ^{241}Am 比 ^{243}Am 高 2 倍。

^{241}Am 源于 ^{238}U 嬗变成钚同位素的过程，其中包括 ^{241}Pu，它再衰变成 ^{241}Am。大量的 ^{241}Am 可以从被辐照多年的钚中用化学手段分离出来。^{241}Am 也会在老的金属钚核弹头中积累，它总是伴随 ^{241}Pu 的混合物存在。

微量(通常少于 35kBq)的 ^{241}Am 作为离子辐照源用于家庭烟雾报警器中。它也用于放射线照相术，如测量平面玻璃厚度的仪表。

^{243}Am 一般来自中子辐照 ^{241}Am 和 ^{242}Pu。它的半衰期(7380 年)远大于 ^{241}Am(432.1 年)，其低放射毒性使得它在实验室和其他使用中备受青睐。这也是利用中子辐照纯 ^{242}Pu 来批量生产 ^{243}Am 的原因。

在水溶液中，镅(类似镧系元素)通常以稳定的正 3 价出现，并且具有类似正 3 价镧系元素的化学行为。在空气中煅烧硝酸镅、草酸盐和其他的盐会形成萤石立方结构的 AmO_2(类似 ThO_2、UO_2、NpO_2 和 PuO_2)。在还原气氛(氢存在的情况下)中烧结 AmO_2 会产生两种 Am_2O_3 晶态：在 600℃形成立方结构(类似 Mn_2O_3)，而在 800℃形成六方结构(类似 La_2O_3)。

3. 锔

锔(Cm)在乏燃料中的聚集是次锕系元素中最少的(每吨乏燃料中数十克到数百克)。^{242}Cm 和 ^{244}Cm 分别来自 ^{241}Am 和 ^{239}Pu 的中子辐照：

$$^{241}Am\rightarrow\cdots{}^{242}Cm\rightarrow{}^{243}Cm\rightarrow\cdots \tag{1.3.6}$$

$$^{239}Pu\rightarrow\cdots({}^{240}Pu,\ {}^{241}Pu,\ {}^{242}Pu,\ {}^{243}Pu)\rightarrow{}^{243}Am\rightarrow\cdots{}^{244}Cm\rightarrow\cdots \tag{1.3.7}$$

多数锔同位素的长期处置问题不大，因为它们半衰期较短。但是锔的两个长寿命同位素 ^{248}Cm 和 ^{247}Cm(半衰期分别为 4.7×10^5 年和 1.7×10^7 年)有希望应用于放射性同位素热电发电机，但如何批量制备这两个同位素还不清楚。1g ^{244}Cm 可以产生 3W 的能量，而 1g ^{242}Cm 可以产生 120W 的能量，足够用于热电发电。

水溶液中，锔(类似镅和镧系元素)以稳定的正 3 价存在。

在 650℃的空气中烧结草酸锔会生成具有萤石立方结构的 CmO_2(类似 ThO_2、UO_2、NpO_2、PuO_2 和 AmO_2)。在还原气氛(在氢存在的情况下)中烧结 CmO_2 会形成立方 Cm_2O_3，几周后会转变成六方结构(类似 La_2O_3)。

4. 锫和锎

锫(Bk)和锎(Cf)的同位素来源于 ^{239}Pu 在反应堆中长期的辐照。它们的同位素多数是短寿命的，它们在乏燃料中的含量对固化而言意义不大。锎的应用包括反应堆中子启动源、校准仪器、治疗其他放射法效果不理想的宫颈癌和脑癌、探测飞行器金属疲劳的放射线照相术、机场爆炸物的中子活化探测器、便携式探测器、石油工业的中子湿度仪、便携式中子源。^{251}Cf (半衰期 898 年)可能有一些特殊的用途，如用在爆炸武器中。^{252}Cf 和 ^{254}Cf 是强次级中子源，并被建议用来治疗癌症(Vdovenko，1969)。

氧化锫 BkO_2 具有萤石立方结构(类似 ThO_2、UO_2、NpO_2、PuO_2 和 AmO_2)。氧化锎 Cf_2O_3 类似 Sm_2O_3，具有单斜晶体结构。

1.4 锕系元素的固化相

1.4.1 天然副矿物

副矿物(accessory minerals)是次要矿物，指在天然岩石中含量(少于 1%)可忽略的矿物。并不是所有的副矿物都在化学和物理上稳定，但一些副矿物在很长的时间尺度上表现出非常高的稳定性。同位素地质化学利用副矿物(如锆石和独居石)作为特异的年代计时器来提供最古老的岩石和陨石的年代分析，这些矿物在数十亿年中保存了岩石形成的信息。一些化学上稳定的副矿物本身就是放射性核素的天然矿物相，如方钍石(Th, U)O_2和钍石(Th, U)SiO_4。其他矿物可将锕系核素融入它们的晶体结构中，以形成固溶体，如锆石(Zr, U, Th)SiO_4和独居石(Ce, REE, Th, U)PO_4(其中 REE 是稀土元素，天然独居石中 Ce 和 La 是主要的稀土元素)。商业用途中的 Th 主要来源于独居石。在世界各地的矿物博物馆和收藏单位可找到含有不同锕系元素的天然副矿物样品。这些样品年代不同，积累了不同自辐照剂量。

一些地质过程会导致副矿物的聚集。例如，相对于伟晶岩脉中副矿物的平均含量，花岗岩和其他岩石的形成过程伴随着副矿物含量的增加。伟晶岩是一般副矿物的主要来源，如大晶体的锆石、电气石(tourmaline)、晶质铀矿石(图 1.2.1)、方钍石、绿柱石、磷灰石、烧绿石、独居石、磷钇矿、石榴石和其他副矿物。在某些情况下，通过工业开采伟晶岩来获得副矿物。矿物风化是另一个主要的影响副矿物聚集的天然过程。一般，多数副矿物比造岩矿物(rock-forming mineral)(如石英、长石和云母)更为稳定。由于风化作用，从主体岩石中分离的副矿物被水流带走，并在所谓的“砂矿床”处汇聚(图 1.4.1)。世界上生产的大约 90%锆来源于锆石汇聚的矿场。

(a)

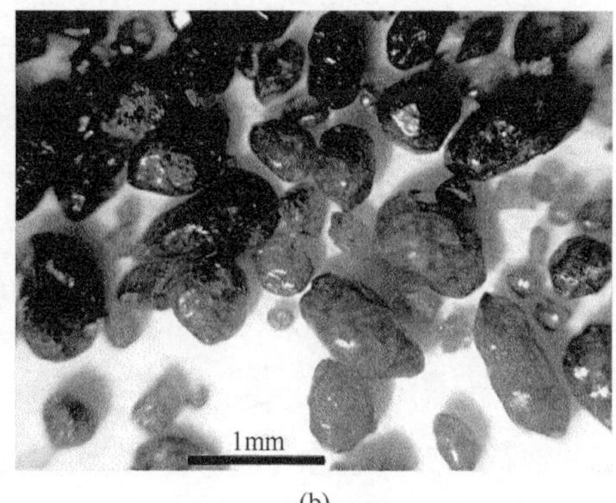

(b)

图 1.4.1　来自砂矿床的天然独居石晶体(a)和锆石晶体(b)砂矿(乌克兰)

研究副矿物是重要的，因为它们可以指引我们开发潜在主相，这些基材将用于固化锕系核素(及其他核素)进入陶瓷体并进一步进行地质处置。相关研究应覆盖以下方面。

(1) 选择化学和物理上稳定的、能够包容锕系核素(以及其他长寿命核素)的晶态固化相。

(2) 固化主相与候选处置地地质构造的地球化学相容性要好。如果固化相与某类岩石中的伴生物类似，在锕系废料被处置后，主要的固化相将有利于保持地质构造下的地质平衡(图 1.4.2)。

(3) 固化主相对长期自辐照损伤和化学改性过程的抵抗力强。

在本章的剩余部分，将考虑一些有可能在其晶体结构里融入锕系元素的矿物材料。

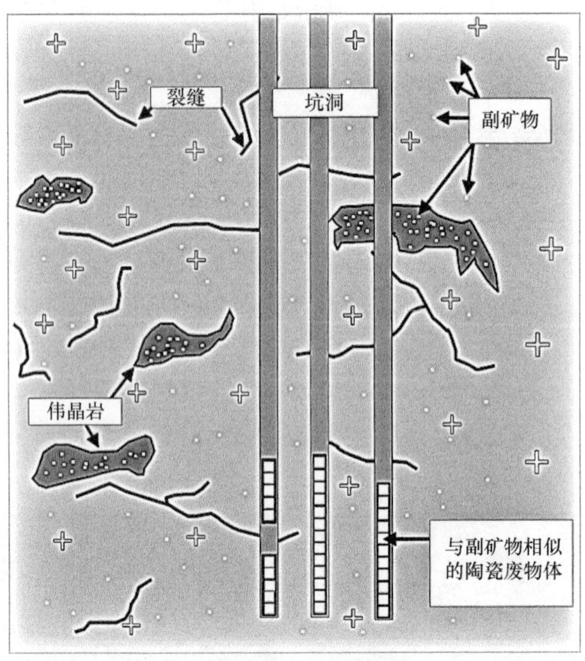

图 1.4.2 处置锕系废料于花岗岩岩体中的钻孔中。陶瓷主相是天然辐射矿物的类似材料。这个处置场在地质上被认为与能聚集副矿物的伟晶岩矿场相似(Burakov and Anderson，2001)

1.4.2 锆石和铪石

锆石和铪石是硅酸盐矿物，它们都具有类似锆石的四方晶体结构，能在 $ZrSiO_4$ 和 $HfSiO_4$ 之间形成固溶相。锆石的名字来源于阿拉伯和波斯语，意思是金色。类似于锆石(zircon)英文名由元素 Zr(zirconium)演变而来，铪石(hafnon)的英文名来自元素 Hf(hafnium)。锆石是广为人知的副矿物，它存在于不同的岩石中(图 1.4.3)，包括月球岩石(Smith，1974)、砂矿(图 1.4.1)、伟晶岩和陨石中。锆石是工业生产锆和铪的主要原料，同时也是一种有名的宝石(图 1.4.3)。

铪石是在固溶体(Hf, Zr)SiO_4 中 HfO_2 的含量超过 20%的矿物，铪石非常罕见。只在莫桑比克发现过含 70%～73% HfO_2 的天然铪石(Correia Neves et al.，1971)。这两个矿物的化学成分如下。锆石：67.2% ZrO_2(或 49.8% Zr 金属)和 32.8% SiO_2(或 15.3% Si)；铪石：77.8% HfO_2(或 66% Hf 金属)和 22.2% SiO_2(或 10.4% Si)。由于 Zr 和 Hf 的化学相容性，天然矿物中没有完全纯的锆石和铪石，它们总是分别含 Hf 和 Zr。锆石中 Zr/Hf 物质的量之比在 71～36 变化，这是从辉长岩向花岗岩的岩浆分异(magmatic differentiation)的结果(Kosterin and Zuyev，1958)(译者注：岩浆

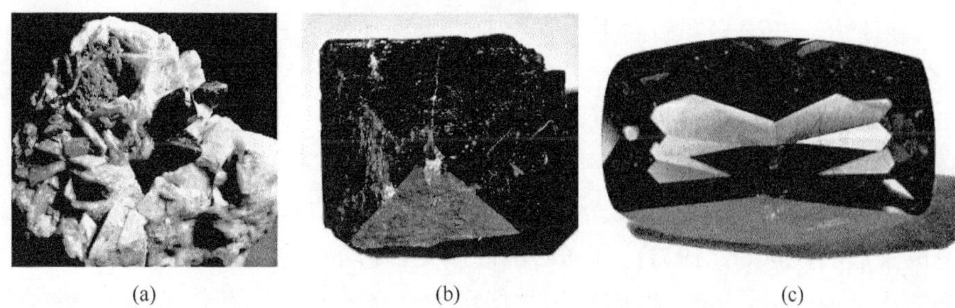

(a)　(b)　(c)

图 1.4.3　天然锆石：(a)碳酸岩石上尺寸为 8～10mm 的锆石晶体(俄罗斯科拉半岛 Kovdor 矿床)；(b)源自钠长石岩的 15mm×19mm 单晶(俄罗斯科拉半岛)；(c)面切割的透明 5mm×8mm 锆石宝石(红锆英石)

分异是指岩浆在向上运移和冷却过程中，由于重力作用和物理、化学条件的改变，成分比较均匀的岩浆分异为几种成分不同的岩浆，并进而冷凝成各种不同岩浆岩的过程。岩浆中熔点较高的矿物在冷凝过程中常优先结晶，岩体边部冷却较快，因而多在岩体边部先结晶出来。冷凝过程中，熔点较低的矿物在冷却较慢的岩体上部与中央相对富集)。晶态的锆石密度为 4.6～4.7g/cm^3，铪石为 7.0g/cm^3。(Hf, Zr)SiO_4 固溶体的密度与 Zr/Hf 的物质的量之比直接相关，但是蜕晶化(样品中 U 和 Th 的自辐照过程)会减小固溶体的密度(对于锆石降低至 3.9g/cm^3)。蜕晶化的锆石通常是绿色的。天然锆石中 U 和 Th 的含量在 10^{-4}%到百分之几的范围内。但在晶态锆石中，天然放射性核素的总含量通常不超过 10^{-2}%。高含量的 U 和 Th(大于 1%)只出现在蜕晶化的锆石中，富集核素的锆石常伴随着低含量 Zr(≤50%)和高含量的 H_2O(达 10%)、P_2O_5(百分之几)、Fe_2O_3(3%～4%)、CaO(达 4%)和其他混合物(Zubkov，1989)。稀土元素、Y、Ca 和 Na 被认为或者假定能替代锆石结构中的 Zr，P 能部分地占据 Si 位。具有高含量这些元素的天然锆石很少见，这限制了关于锆石晶格对这些元素包容度的精确研究。天然晶态锆石在化学上具有稳定性。其中，Th 和 U 的自辐照导致的蜕晶化过程会降低其化学稳定性。然而，即使完全蜕晶化的锆石在酸和碱中也有一定的稳定性。在同位素地球年代学中副矿物锆石是独特的著名材料。目前最古老的(40 亿年)天然岩石就是用锆石同位素分析方法进行研究的(Maas et al.，1992)。锆石的物理稳定性很高，其莫氏硬度为 7.5。它的热稳定性高于 1600℃，使其能够应用在耐火陶瓷工业中(Simuya，1989)。

1.4.3　独居石

天然独居石是一种含 Ce 和其他稀土元素著名的单斜磷酸盐(Ce, REE, Th, U, Ca)PO_4。它的名称来自希腊文，意思是孤独，这多少反映了其稀有性(Mitchell，1979)。对 Th、Ce 和其他稀土元素而言，独居石是重要的矿石材料。在不同的火成岩、变质岩、花岗岩和砂矿中，它是典型的副矿物岩石(图 1.4.1)。独居石的化学成分覆盖面广。它们可以包含：26%～31% Ce_2O_3 和 22%～31% P_2O_5，总量为 21%～30% La、Nd、Pr 氧化物，0.5%～3.5% Y_2O_3，7%～28% ThO_2，达 7%的 ZrO_2，达 6%的 SiO_2。独居石中同时含 U 和 Th 的情况不多。但有报道含 16% UO_2 和 11% ThO_2 的独居石(Gramaccioli and Segalstad，1978)，以及含 7% UO_2 和 4% ThO_2 的独居石(Hutton，1951)。独居石的硬度类似硅酸盐玻璃(莫氏硬度 5.0～5.5)，其密度为 4.6～5.4g/cm^3。独居石化学稳定性低于锆石，它在热盐酸中能缓慢溶解。具有高 Th 和 U 含量的独居石一般仍然是晶态的，而含更低量天然核素的锆石却多是蜕晶态。类似于锆石，副矿物独居石也广泛地使用在同位素地球年代学中。

1.4.4 钛锆钍矿

钛锆钍矿(zirconolite 或 zirkelite)是相对稀少的矿物，它一般具有晶态单斜相结构和简单的化学分子式 $CaZrTi_2O_7$。其英文名 zirkelite 是为了纪念德国岩石学家 F. Zirkel(1838～1912 年)(Mitchell，1979)。但 zirconolite 的来源比较令人困惑，或是使用不当的名字或名称(Fleischer，1975)。令人吃惊的是，开发核废料陶瓷固化材料的多数学者都接受了 zirconolite 这一名称。天然钛锆钍矿可含 24% UO_2、22% ThO_2 和 32% RE_2O_3(Lumpkin et al.，2004)。月球岩石中发现的钛锆钍矿含 40% ZrO_2、35% TiO_2、9% CaO、0.2% UO_2、0.5% ThO_2、4% Y_2O_3、6% FeO(Busche et al.，1972)。具有高含量 Th 和 U 的钛锆钍矿通常处于蜕晶态，但发现有含高达 11% UO_2 和 10% ThO_2 的一些钛锆钍矿仍是晶态(Bellatreccia et al.，2002)。在 1100～1200℃加热时，蜕晶态的钛锆钍矿能转变为晶态(单斜结构)。用 REE、U 和 Th 替代 Ca，以及用 Nb、Fe 和 Mg 替代 Ti 会导致出现不同的多型体：单斜的 2M 和 4M 结构、斜方相和六方相(Lumpkin et al.，2004)。钛锆钍矿的莫氏硬度是 6，密度为 4.5～5.1g/cm^3。目前，有关其化学稳定性的信息有限。

1.4.5 斜锆石(单斜相氧化锆)

斜锆石(baddeleyite)是天然的单斜相氧化锆 ZrO_2。这个矿物的命名是纪念 J. Baddeley，他在斯里兰卡发现了斜锆石(Mitchell，1979)。斜锆石与锆石都是工业锆的主要来源(图 1.4.4)。它伴随锆石存在于各种岩石中，包括月球岩石(Smith，1974)和砂矿。但是，斜锆石比锆石更为稀少。目前有关斜锆石样品中核素含量和它在天然核素长期自辐照下行为的信息有限。在铀烧绿石(U-烧绿石)相中发现了斜锆石(Degueldre and Hellwig，2003)，表明其耐化学蚀变和辐照损伤。只在它们与铀烧绿石相(估计辐照量为(3～4.5)×10^{16}α 衰变/mg)的晶界处发现有关形成非晶态畴的证据。蜕晶化或部分蜕晶化的斜锆石没有被报道过。

圣彼得堡 KRI 的 Andrey Gedeonov 研究了来自俄罗斯 Kovdor 矿区经工业化提纯的斜锆石，结果表明样品中的 U 含量为 0.01%，Th 含量为 0.002%。其莫氏硬度为 6.5，密度为 5.7g/cm^3。单斜相 ZrO_2 在 1250℃转变为四方结构，在 1900℃转变为六方结构，在 2300℃和更高温度转变为立方结构。氧化锆的熔点为 2700℃，因此它的热稳定性非常高，但是在加热过程中其晶体结构中包含的化学元素的行为和对多型性的影响不得而知。

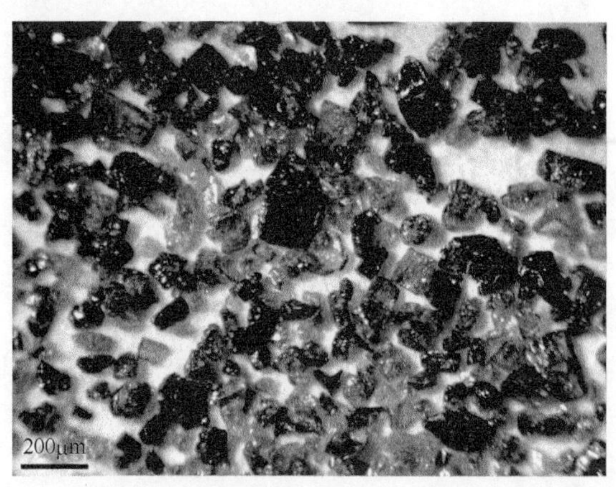

图 1.4.4　来自 Kovdor 矿场(俄罗斯，科拉半岛)经工业化提纯的斜锆石

1.4.6　等轴钙锆钛矿(立方二氧化锆)

天然立方二氧化锆具有简单的化学分子式(Zr, Ca, Ti, ⋯)O_2，是一种稀有矿物，1966 年发现于 Tazheranskiy 山区(俄罗斯，贝加尔湖)的斑花大理岩(calciphyre)(碳酸盐交代岩(carbonate metasomatic rock))。其矿物名称等轴钙锆钛矿(tazheranite)就取自这山区的名字(Konev et al., 1969)。该矿物(72%～73% ZrO_2)含有 Ca 和 Ti(约 11% CaO 和 15%～16% TiO_2)。因为这两个元素的存在，该矿物被假定是稳定立方结构，其晶胞参数是 a=5.100(3)Å，密度为 5.01(2)g/cm^3。

没有关于该矿物的地球化学稳定性和天然核素含量的信息。

1.4.7　磷钇矿

磷钇矿(xenotime)是稀有的 Y-磷酸盐，具有类似锆石的四方晶体结构，简单的化学分子式为 YPO_4。天然样品中 Y_2O_3 和 P_2O_5 的含量分别为 55%～63%和 25%～27%。其“xenotime”源于希腊语，是“foreigner(外来者)”和“revere(逆转)”意思的组合(Mitchell，1979)。多年来，偶尔发现的磷钇矿晶体并没有被认可。有说法认为 YPO_4-$ZrSiO_4$ 之间的固溶性非常有限。这可能解释天然样品中 Y 部分替代 Th、U 和 Zr，P 部分替代 Si 的原因。磷钇矿的相对硬度比较低(莫氏硬度 4～5)，其密度为 4.3～4.7g/cm^3。天然磷钇矿样品中 Th 和 U 的辐照损伤效应还有待系统地研究。

1.4.8 磷灰石

天然磷灰石(apatite)家族由具有化学分子式$A_5(BO_4)_3$(F, Cl, OH)的大量六方结构矿物组成，其中 A=Ba、Ca、Ce、K、Na、Pb 和 Sr，B=As、C、P、S、Si 和 V。“apatite”由希腊语“to deceive”(欺骗)的意思演变而来(Mitchell，1979)。区分该矿物是困难的，它常被当作其他矿物。广泛存在的天然磷灰石是磷酸钙矿物(其中 Ca 含量为 54%～56%和 P_2O_5 含量为 41%～42%)，如氟磷灰石(F-磷灰石)、$Ca_5(PO_4)_3F$(F 含量达 3.5%)、氯磷灰石(Cl-磷灰石)、$Ca_5(PO_4)_3Cl$(Cl 含量达 6.8%)，以及羟基磷灰石、$Ca_5(PO_4)_3(OH)$。一般情况下，天然磷灰石具有不同含量的 F、Cl 和羟基。磷灰石多少含有其他元素(最大值)：7% MnO，24% SrO，12% RE_2O_3，0.6% Th，24% SiO_2，4% SO_3，5% CO_2。

氟磷灰石在化学上最为稳定，是不同类型岩石中的典型副矿物(图 1.4.5)，包括月球岩石和砂石(Smith，1974)。羟基磷灰石是有名的“生物矿物”，骨头和牙齿就由它构成。氟磷灰石的高化学稳定性说明使用含氟牙膏和对水进行氟化可防止龋齿。钙磷酸盐、氟氯磷灰石的硬度比较低，类似硅酸盐玻璃，莫氏硬度为 5，其密度为 3.2～3.8g/cm^3。所有类型的磷灰石都溶解于盐酸、硫酸和硝酸。氟磷灰石和羟基磷灰石在化肥工业中有广泛应用。天然磷酸盐-磷灰石中 Th 和 U 的辐照损伤效应还缺乏系统研究。

(a)

(b)

图 1.4.5 天然氟磷灰石：(a)磷灰石-霞石岩石，其中主要绿色部分含磷灰石(俄罗斯，科拉半岛，Hibin 山区)；(b)源于钙质岩的宝石级透明晶体(俄罗斯，贝加尔湖区，Slyudyanka 矿区)

1.4.9 烧绿石

烧绿石(pyrochlore)是一大类具有烧绿石型立方晶体结构的天然矿物的统称。pyrochlore 名称源自希腊语的“火”和“绿色”，因为一些烧绿石样品在烧灼后变成绿色(Mitchell，1979)。天然烧绿石简化的分子式为 $A_2B_2O_6(OH, F)$，其中 A=Na、K、Ca、Sr、Ba、Fe^{2+}、REE、U、Th、…；B=Nb、Ta、Ti、Fe^{3+}、…。有的烧绿石含 56%～68% Nb_2O_3，但也有 Ta_2O_5 含量为 68%～77%的富钽(Ta)烧绿石(钽烧绿石(Ta-烧绿石)或者微晶)和含 32%～35% TiO_2 和少于 25%(Nb_2O_3+Ta_2O_3)的富钛烧绿石(贝塔石和钛烧绿石(Ti-烧绿石))。它们的晶胞参数和密度可在较大的范围变化，具体与化学成分、蜕晶化程度和吸水程度有关。一般，a=10.33～10.40Å，密度为 3.8～6.4g/cm^3。通常，对天然烧绿石的分析不容易计算出其理想的化学分子式。A 位阳离子常缺失(van Wambeke，1970)，程度可超过 20%。一些情况下，红外光谱技术显示阳离子缺失与 H_3O^+含量有关。A 位的离子可被替换是具有烧绿石结构化合物的特征(Belinskaya，1984)，这导致在自然风化过程中阳离子的释放(van Wambeke，1970)。

天然烧绿石样品中 U 含量在 0%～22%范围。在同一晶体中铀的化合物含量可以在较大范围变化(图 1.4.6)。Th 混合物不是普遍存在的，只有特殊的烧绿石天然样品中 Th 含量高于 1%。

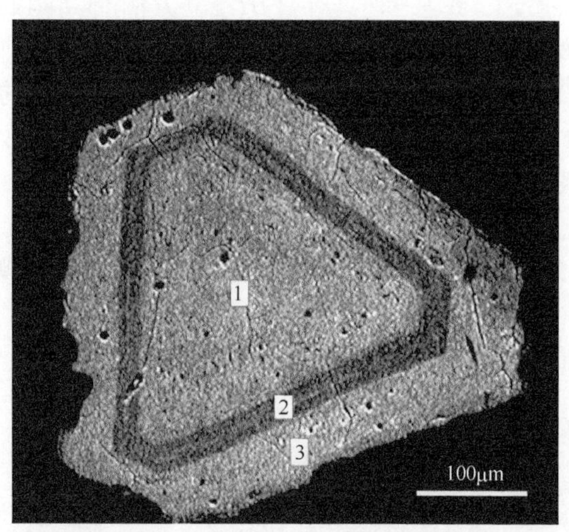

图 1.4.6　天然烧绿石晶体(Na, Ca, Sr, Fe, U)$_2$(Nb, Ta, Ti)$_2$O$_6$(OH)的 SEM 背散射电子图像(俄罗斯，卡累利阿)。晶体置于丙烯酸树脂中。区域 1 和 3 的 U 含量大约为 12%，区域 2 中 U 含量为 2%～5%

含 U 和 Th 的烧绿石样品一般是蜕晶化的，看起来像黑色(或者深棕色)玻璃(图 1.4.7)。

尽管在砂矿中一起发现了烧绿石样品和其他副矿物，但在古老的砂矿或者远离原始烧绿石矿场的砂石场没有发现。这表明天然烧绿石具有比较低的地球化学稳定性。

图 1.4.7　来自花岗伟晶岩的蜕晶化天然烧绿石样品(俄罗斯，卡累利阿)

1.4.10　钙钛矿

天然钙钛矿(perovskite)是一种具有斜方(准立方)晶体结构的钛矿物，简化的分子式为 $CaTiO_3$(41% CaO 和 58.8%TiO_2)。perovskite 以俄罗斯矿物学家 Count L. A. Perovskiy(1792～1856 年)的名字命名。天然钙钛矿样品含不同的化学成分，如 Na、稀土元素、Th、Sr、Mg、Fe^{2+}，它们替代部分 Ca。一些 Ti 的位置被 Nb、Ta、Zr、Si 和 Sn^{4+}占据。钙钛矿(如铈铌钙钛矿)(图 1.4.8)可含其他元素：28%～45%稀土元素(按 REE_2O_3 氧化物计算)，26% Nb_2O_5，3% SrO，3% Fe_2O_3 和 3% ThO_2。钙钛矿硬度不高(莫氏硬度 5.5)，类似玻璃，其密度为 4.0～4.3g/cm^3。蜕晶化的钙钛矿可含高达 3.5%的 H_2O。

图 1.4.8　正长岩上钙钛矿——铈铌钙钛矿孪晶(6～9mm)(俄罗斯，科拉半岛)

1.4.11 石榴石

天然石榴石(garnet)家族由具有立方相的硅酸盐组成，其一般的化学分子式为$A_3B_2(SiO_4)_3$，其中 A=Ca、Fe^{2+}、Mg、Mn^{2+}；而 B=Al、Cr、Fe^{3+}、Mn^{3+}、Ti、V 和 Zr。石榴石(garnet)名称由拉丁语演变而来，反映的是红色石榴石晶体(铁铝榴石和镁铝榴石)和石榴石颗粒(拉丁语为 granatum)之间的相似性。石榴石具有不同化学成分，使其有不同的矿物名称，如铁铝榴石 $Fe_3Al_2(SiO_4)_3$(图 1.4.9)、镁铝榴石 $Mg_3Al_2(SiO_4)_3$、锰铝榴石(斜煌岩)$Mn_3Al_2(SiO_4)_3$、钙铝榴石 $Ca_3Al_2(SiO_4)_3$(图 1.4.9)、钙铁榴石 $Ca_3Fe_2(SiO_4)_3$、钙铬榴石 $Ca_3Cr_2(SiO_4)_3$(图 1.4.9)、钛榴石 $Ca_3(Fe, Ti)_2(SiO_4)_3$、镁铬榴石 $Mg_3Cr_2(SiO_4)_3$、锆榴石 $Ca_3(Zr, Ti)_2(Si, Al)_3O_{12}$、钙钒榴石 $Ca_3(V, Al, Fe)_2(SiO_4)_3$。纯的石榴石很稀少，通常石榴石以固溶体的形式存在，如铁铝榴石-镁铝榴石体系、铁铝榴石-锰镁榴石体系、钙铝榴石-钙铁榴石体系、钙铝榴石-镁铝榴石体系、钙铬榴石-钛榴石体系、锰铝榴石-锰铬榴石体系等(Berry et al.，1983)。石榴石的密度与化学成分相关，在 3.5～3.6g/cm^3(镁铝榴石、钙铝榴石)到 4.2～4.3g/cm^3(锰铝榴石、钛榴石)变化。

(a)　(b)　(c)

图 1.4.9　天然石榴石晶体：(a)25mm×20mm 铁铝榴石(俄罗斯，卡累利阿)；(b)25mm×19mm 钙铝榴石(俄罗斯，东西伯利亚，Viluy 河区域)；(c)铬铁矿岩石上的钙铬榴石(1～2mm)(俄罗斯，彼尔姆地区)

多数种类的石榴石都具有高物理稳定性，铁铝榴石、钙铝榴石和镁铝榴石的莫氏硬度为 7.5，但钙铁榴石莫氏硬度只有 6.5～7.0。透明的石榴石，特别是镁铝榴石和铁铝榴石是著名的宝石。镁铝榴石和铁铝榴石常见于砂岩矿场中，间接地说明它们的地球化学稳定性。有报道介绍一个独一无二的含 U-Th 的钙铝榴石，其含 0.1%～0.3% UO_2，高达 3.8%的 ThO_2 和 6%～8%的稀土元素氧化物(Kumral et al.，2007)。但目前还没有来自天然样品的数据说明石榴石结构对天然核素的耐辐照损伤能力。

1.4.12 莫拉矿

莫拉矿(murataite)是一种稀有矿物，发现于美国科罗拉多州的石英-钾长石花岗岩中(Adams et al.，1974)。莫拉矿的命名是为了纪念地球化学家 K. J. Murata。这个具有立方晶体结构的矿物(a=14.86(1)Å)密度大约为 4.64g/cm^3，并且具有复杂的化学成分，可以写为(Na, Y, Er)$_4$(Zn, Fe)$_3$(Ti, Nb)$_6$O$_{18}$(F, OH)$_4$。主要的元素含量大约为 6% Na_2O，38% TiO_2，12% ZnO，12% Y_2O_3，10% REE_2O_3，10% Nb_2O_3、4% FeO、7% F。在俄罗斯贝加尔湖的碱性花岗岩中发现不含 Nb 和 F(相似的晶胞参数 a=14.87(2)Å)的莫拉矿(Portnov et al.，1981)。其化学成分为 6% Na_2O，7% CaO，48% TiO_2，16% ZnO，21% Y_2O_3，1% REE_2O_3，2% FeO。

目前还不清楚莫拉矿的地球化学稳定性和其所含的核素情况。

1.4.13　磷锆钾矿

磷锆钾矿(kosnarite)是一种稀有的磷酸盐矿物，具有六方晶体结构，化学分子式为 $KZr_2(PO_4)_3$，发现于花岗岩中(Brownfield et al.，1993)。该矿物的命名是为了纪念美国科罗拉多州黑鹰镇的 R. A. Kosnar。其晶胞参数为 a=8.67(2)Å，c=23.877(7)Å，密度大约为 3.2g/cm^3。该矿物的主要元素成分为 43%～44% P_2O_5，44%～45% ZrO_2，9% K_2O，1%～2% N_2O。

磷锆钾矿的地球化学稳定性和其所含的核素情况还不清楚。

1.4.14　天然凝胶(natural gel)

天然的含 U 凝胶比较少见，但还是在哈萨克斯坦(Smetannikov，1997)、俄罗斯贝加尔湖区(Aleshin et al.，2007)和南乌拉尔地区(Dimkov et al.，2003)的铀矿中发现了含 U 凝胶。这些凝胶含 U、Si 和水。在一些样品中，凝胶主要含 S 和 P，而不是 Si(Dimkov et al.，2003)。凝胶是经过最初为非晶态的材料通过交代(metasomtic)过程而形成的(译者注：交代过程是热液与围岩发生化学变化及置换作用的过程，即在温度、压力、溶液化学成分发生改变后发生的一种物质成分注入和逸出的置换现象。全过程是在固态并有溶液参与下发生的，原有矿物的分解和新生矿物的形成是同时进行的)。凝胶在上百万年开放的地球化学条件中能保存下来，说明它们具有高的化学稳定性。来自哈萨克斯坦的凝胶，在除方铅矿包裹体附近的区域外，化学成分相对均匀(Helean et al.，1997；Burakov et al.，2006)(表 1.4.1，图 1.4.10)。在凝胶的基体中没有分离的 U、Zr 或者 Si 氧化物相。

在空气中，1400℃高温烧结 1h，大部分凝胶转变成为含 U 的锆石(Zr, U)SiO_4。烧结后，没有发现 U 出现在除锆石之外的其他任何相中。

这种凝胶的地球化学稳定性是未来需要研究的课题。似乎在开放地球化学系统中存在的地下水有助于凝胶最初结构的保持。另外，有推测(Burakov et al., 2006)认为天然凝胶的高化学稳定性来源于在自辐照条件下两个相互竞争的过程：凝胶的结晶，以及结晶后的锆石和其他相的蜕晶化(图 1.4.11)。

表 1.4.1　哈萨克斯坦天然 Zr-U-Si 凝胶的化学和放射性核素成分(Burakov et al.，2006)

EPMA 检测元素(除 O 和 H)/%						
Ca	Mg	Al	Zr	U	Fe	Si
1.5～2.0	0.5～1.2	0.5～2.5	20.9～26.5	3.6～12.8	0.7～13.8	8.0～10.4

伽马能谱检测核素/(Bq/g)			
^{238}U	^{235}U	^{226}Ra	^{228}Th
1590±199	99±20	1590±100	596±99

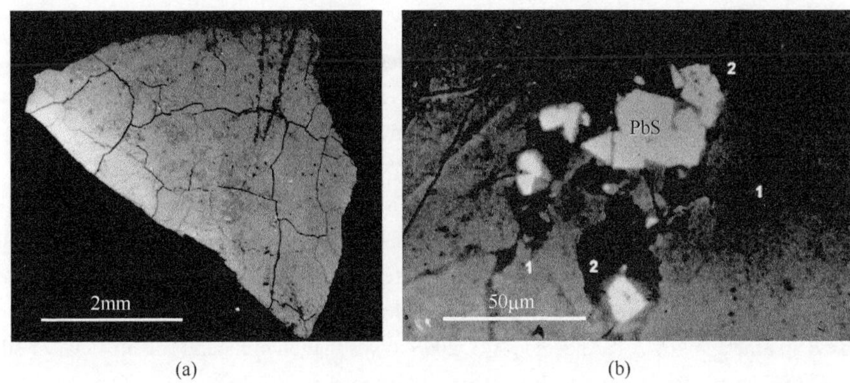

(a)　(b)

图 1.4.10　天然 Zr-U-硅酸盐凝胶 SEM 背散射电子图：(a)普通视场和(b)基体的细节(1.局部区域；2.含低铀和方铅矿(PbS))(Burakov et al.，2006)

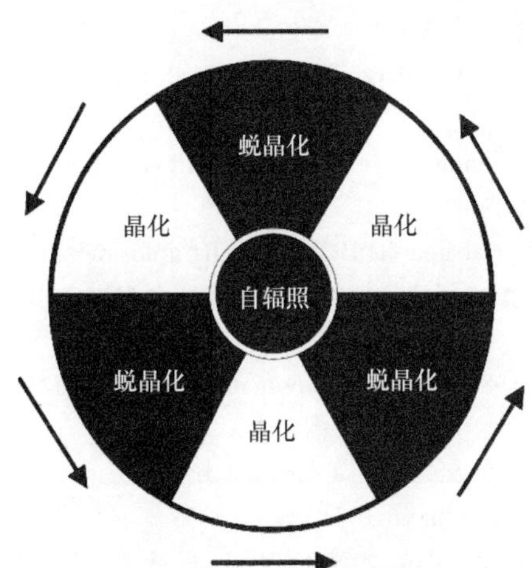

图 1.4.11　在有地下水存在的开放地质系统中 Zr-硅酸盐凝胶的长期稳定性示意图。自辐照在两个竞争的过程凝胶结晶为锆石和锆石的非晶化之间提供平衡

参 考 文 献

Adams J W, Botinelly T, Sharp W N, et al. 1974. Murataite, a new complex oxide from El Paso

County, Colorado[J]. American Mineralogist, 59: 172-176.

Aleshin A P, Velichkin V I, Krylova T L. 2007. Genesis and formation conditions of deposits in the unique Strel'tsovka molybdenum-uranium ore field: New mineralogical, geochemical, and physicochemical evidence[J]. Geology of Ore Deposits, 49: 392-412.

Aprohim. 1999. Standards of Radiation Safety[M]. (in Russian) Moscow: [s. n.].

Belinskaya F A. 1984. Ion exchange and isomorphism in pyrochlore-type compounds[J]. Ion Exchange and Ionometry, 4: 3-13.

Bellatreccia F, Della Ventura G, Williams C T, et al. 2002. Non-metamict zirconolite polytypes from the feldspathoids-bearing alkali-syenitic ejecta of the Vico volcanic complex (Latium, Italy)[J]. European Journal of Mineralogy, 14: 809-820.

Berdjis C C. 1971. Pathology of Irradiation[M]. Balti-more: Williams and Wilkins.

Berry L G, Mason B, Dietrich R V. 1983. Mineralogy: Concepts, Descriptions, Determinations[M]. 2nd ed. San Francisco: W. H. Freeman and Company.

Brownfield M E, Foord E E, Sutley S J, et al. 1993. Kosnarite, $KZr_2(PO_4)_3$, a new mineral from Mount Mica and Black Mountain, Oxford County, Maine[J]. American Mineralogist, 78: 653-656.

Burakov B E, Anderson E B. 2001. Crystalline ceramics developed for the immobilization of actinide wastes in Russia[C]//Proceedings of the 8th International Conference of Radioactive Waste Management and Environmental Remediation ICEM'01, Bruges, Belgium.

Burakov B E, Smetannikov A P, Anderson E B. 2006. Investigation of natural and artificial Zr-silicate gels[C]//Scientific Basis for Nuclear Waste Management XXIX(Materials Research Society Symposium Proceedings), Warrendale, PA.

Busche F D, Prinz M, Keil K, et al. 1972. Lunar zirkelite: A uranium-bearing phase[J]. Earth and Planetary Science Letters, 14: 313-321.

Cherdintsev V V, Kazachevskiy I V, Sulerzhitskiy L D, et al. 1965. About plutonium-239 in nature[J]. Geohimiya, 10: 1257-1258.

Cohen B L. 1977. High-level radioactive waste from light-water reactors[J]. Review of Modern Physics, 49: 1-20.

Correia Neves J M, Lopes N, Sahama G. 1974. High hafnium members of the zircon-hafnon series from the granite pegmatites of Zambézia, Mozambique[J]. Contributions to Mineralogy and Petrology, 48: 73-80.

Cotton F A, Wilkinson G. 1988. Advanced Inorganic Chemistry[M]. 5th ed. New York: Wiley-Interscience.

Degueldre C, Hellwig C. 2003. Study of a zirconia based inert matrix fuel under irradiation[J]. Journal of Nuclear Materials, 320: 96-105.

Dimkov Y M, Doynikova O A, Volkov N I. 2003. Find of U-Fe-Zr-Ti-S-P-gel in exogenous-epigenetic uranium deposit "Hohlovskoe" (Southern Trans-Urals Region)[J]. Geochimiya, 11: 1-9.

Energoatomizdat. 1988. Standards of Radiation Safety NRB-76/87[M]. (in Russian) Moscow: [s. n.].

Fishlock D. 2005. Drama of plutonium[J]. Nuclear Engineering International, 50: 42-43.

Fleischer M. 1975. New mineral names[J]. American Mineralogist, 60: 340-341.

Flerov G N, Petrzhak K A. 1940. Spontaneous fission of uranium[J]. Physical Review, 58: 89.

Gauthier-Lafaye F, Holliger P, Blanc P L. 1996. Natural fission reactors in the Franceville Basin, Gabon: A review of the conditions and results of a “critical event” in a geologic system[J]. Geochimica et Cosmochimica Acta, 60: 4831-4852.

Gramaccioli C M, Segalstad T V. 1978. A uranium- and thorium-rich monazite from a south-alpine pegmatite at Piona, Italy[J]. American Mineralogist, 63: 757-761.

Groves L R. 1964. Now it Can be Told. The Story of the Manhattan Project[M]. New York: Harper & Brothers.

Guardian Unlimited. 2000-3-22. UN raises alarm on toxic risk in Kosovo[EB/OL]. http: //www. guardian. co. uk/Archive/Article/0 4273 3976810 00. html.

Helean K B, Burakov B E, Anderson E B, et al. 1997. Mineralogical and microtextural characterization of “gel-zircon” from the Manibay Uranium Mine, Kazakhstan[J]. Materials Research Society Symposium Proceedings, 465: 1219-1226.

Hoffman D C. 2002. Advances in Plutonium Chemistry 1967-2000[M]. La Grand Park: American Nuclear Society.

Hutton C O. 1951. Uranium, thorite, and thorium monasite from black sand pay streaks, San Mateo County, Calif[J]. Geological Society of America Bulletin, 62: 1518-1519.

Hyde E K, Seaborg G T. 1957. The Transuranium Elements[M]. Berlin-Gottingen-Heidelberg: Springer-Verlag.

IAEA. 2003. Radioactive Waste Management Glossary[M]. 2003 ed. Vienna: International Atomic Energy Agency.

International Commission on Radiobiological Protection. 1986. The Metabolism of Compounds of Plutonium and Related Elements[R].

Il’in L A, Filatov V A. 1990. Harmful Chemicals. Radioactive Materials[M]. (in Russian) Leningrad.

IRSN. 2001. Evaluation of nuclear criticality safety data and limits for actinides in transport[R]. C4/TMR2001/200-l. IRSN. BP 17, 92262 FONTENAY-AUX-ROSES CEDEX, France. http: //ec. europa. eu/energy/nuclear/transport/doc/irsn_sect03_146. pdf.

King S J, Putte D V. 2003. Identification and description of UK radioactive wastes and materials potentially requiring long-term management[R]. Oxfordshire: United Kingdom Nirex Limited.

Konev A A, Ushyapovskaya Z F, Kashaev A A, et al. 1969. Tazheranite — New calcium-titanium-zirconium mineral[R]. Moscow: USSR Academy of Sciences.

Kosterin A V, Zuyev V N. 1958. On the Zr/Hf ratio in some igneous rocks of North Kirgizia[J]. Geochimia, 1: 86-88.

KRI. 1997. V. G. Khlopin Radium Institute — To the 75 Years Anniversary[M]. (in Russian) St. Petersburg: [s. n.].

Kumral M, Qoban H, Caran S. 2007. Th-, U- and LREE-bearing grossular, chromian ferriallanite-(Ce) and chromian cerite-(Ce) in skarn xenoliths ejected from the Gölcük maar crater, Isparta, Anatolia, Turkey[J]. Canadian Mineralogist, 45: 1115-1129.

Lumpkin G R, Smith K L, Giere R, et al. 2004. Geochemical behaviour of host phases for actinides and fission products in crystalline ceramic nuclear waste forms[M]//Giere R, Stille P. Energy,

Waste, and the Environment: A Geo-chemical Perspective. London: Geological Society: 89-111.

Maas R, Kinny P D, Williams I S, et al. 1992. The Earth's oldest known crust: A geochronological and geochemical study of 3900-4200 Ma old detrital zircons from Mt. Narryer and Jack Hills, Western Australia[J]. Geochimica et Cosmochimica Acta, 56: 1281-1300.

Mark J C. 1993. Explosive properties of reactor-grade plutonium[J]. Science and Global Security, 4: 111-128.

Mitchell R S. 1979. Mineral Names - What Do They Mean?[M]. New York: Van Nostrand Reinhold Company.

Ojovan M I, Lee W E. 2005. An Introduction to Nuclear Waste Immobilisation[M]. Amsterdam: Elsevier Science Publishers.

Orlov V. 2004. Illegal traffic of nuclear materials[R]. Vienna: International Atomic Energy Agency, 46: 63-65.

Patterson J H, Nelson G B, Matlack G M. 1974. Report LA-5624[R]. Los Alamos: Los Alamos National Laboratory.

Portnov A M, Dubakina L S, Krivokoneva G K. 1981. Murataite in predicted association with laundautite[R]. Reports of USSR Academy of Sciences, 261: 741-744.

Seaborg G T, McMillan E M, Kennedy J W, et al. 1946. Radioactive Element 94 from Neutrons on Uranium[J]. Physical Review, 69: 366-367.

Simuya S. 1989. Zircon - Science and Engineering[M]. Tokyo: Uchida Rokakuho.

Smetannikov A F. 1997. U-bearing zircon gels in U-Mo ores of the Glubinnoe deposit, Northern Kazakhstan[J]. Geochemistry International, 35: 487-490.

Smith J V. 1974. Lunar mineralogy: A heavenly detective story presidential address, Part I[J]. American Mineralogist, 59: 231-243.

Soboleva M V, Pudovkina I A. 1957. Mineral of Uranium (Handbook)[M]. Moscow: [s. n.].

Stukin A D, Bystrova T B. 2003. Plutonium. Production and isotope composition. Classification aspects[R]. Novosti FIS, CNII Atominform, 3: 5-7.

van Wambeke L. 1970. The alteration processes of the complex tianoniobo-tantalates and their consequences[J]. Neues Jahrbuch fur Mineralogie, Abhandlungen, 112: 117-149.

Vdovenko V M. 1969. Modern Radiochemistry[M]. (in Russian) Moscow: Atomizdat.

Yagovkina M. 2009. Private communication[s. n.]. Ioffe Physico-Technical Institute, St. Petersburg.

Zirlin V A, Garbuzov V M, Kitsay A A. 2008. Private Communication[s. n.]. V. G. Khlopin Radium Institute.

Zubkov L B. 1989. Metal of Gold-colored Stone[M]. (in Russian) Moscow: Nauka.

第 2 章　锕系元素的应用

2.1　先进核燃料循环

目前多数的核反应堆，如压水式反应堆(PWR)、沸水反应堆(boiling water reactor，BWR)和先进气冷式反应堆(advanced gascooled reactor，AGR)，都是热反应堆。它们使用陶瓷 UO_2 形式的铀为燃料，其主要燃烧成分是 ^{235}U。

2.1.1　MOX 核燃料

开发 MOX 核燃料始于对固化民用级和武器级过量钚的需要。与铀氧化物燃料不同，MOX 核燃料含钚，由 UO_2 和 PuO_2 两种相组成，或者是单相的$(U, Pu)O_2$ 固溶体。PuO_2 的含量在 1.5%到 25%～30%，具体值取决于反应堆的种类。1972 年以来，世界上钚的生产量超过了所有需求(包括科研)，而从 1975 年以来所有的发达国家都将库存钚作为核能的前瞻性材料(Kotelnikov et al.，1978)。尽管 MOX 核燃料可在热反应堆中提供能量，但要有效燃烧 MOX 中的钚则只能在快堆中达到。来自热堆的 MOX 核燃料中没有烧掉的钚含量很高，高达起始钚含量的 50%。在 MOX 核燃料中，可核裂变的同位素(奇数的)与非裂变同位素(偶数的)的比值从大约 65%降低到 20%，具体值取决于燃烧状况。这就造成回收可裂变的同位素困难，并且任何回收的主体 Pu 将需要在第二级 MOX 中有一个不现实的高百分比。这样的乏燃料难以进行后处理，不便对钚进一步再使用(燃烧)。由于 PuO_2 在硝酸中的溶解度低，常规后处理双相 MOX 乏燃料是困难的。$(U,Pu)O_2$ 固溶体比纯 UO_2 溶解得更缓慢，但其溶解度却大于 PuO_2。因此，基于$(U, Pu)O_2$ 固溶体的单相 MOX 核燃料被认为更容易进行后处理。但是，还需要验证辐照后样品的后处理技术。在辐照情况下，$(U, Pu)O_2$ 固溶体可在高温(>1400℃)从二相 MOX 基体中形成(Freshley，1973)。

需要重点注意的是，MOX 辐照会伴随钚在燃料基体中的再分布，钚含量在燃料片中心最高。钚含量在燃料片中不同区域的变化率可达 7%～10%(Chikalla et al.，1964；Sari et al.，1970)。辐照(在高燃烧中)会引起钚的非均匀性分布，可能会导致燃料基体的局部肿胀，影响燃料包壳的力学稳定性。

2.1.2　陶瓷核燃料

很多国家在考虑开发“陶瓷”(也称作“类岩石”和“惰性”)燃料。这种燃料有以下理想目标：

(1) 增加燃料的燃烧充分性(最大限度地烧掉 U 和 Pu)。

(2) 次锕系元素(Np、Am、Cm)的嬗变伴随燃料的辐射。

(3) 乏燃料自身被作为最终的废物，具有环境安全性。

在不使用锕系元素主相的情况下，前两个目标可分别或同时达到。在这种情况下，陶瓷基体中 U 和(或者)Pu 氧化物与耐辐照且具有化学惰性的相(如 CeO_2、MgO、Y_2O_3、Al_2O_3、$MgAl_2O_4$、$BaZrO_3$ 和 $Y_3Al_5O_{12}$)的颗粒混合成惰性基质燃料(inert matrix fuel，IMF)。非放射性惰性相的作用主要是为核燃料在高燃耗和高温下及气态裂变产物累积中提供稳定的力学性能(低基体膨胀、抗裂纹、有限的裂纹与覆盖层相互作用)。初步的辐照实验表明，基于 UO_2 与 CeO_{2-x}、MgO、Y_2O_3(但不含 $Y_3Al_5O_{12}$)形成的燃料具有较好的稳定性(Neeft et al.，2003)。陶瓷乏燃料的惰性基质被认为是核素在环境中进一步迁移的机械屏障，但在陶瓷中出现了分离的含锕系元素的相，表明这种陶瓷直接作为固化体的可行性是值得怀疑的。如果所有的锕系核素都能被包容在耐久的主相的晶体结构(类似于$(Zr, Y, Pu)O_2$、(Pu, Zr)N 和$(Th, Zr, U, Pu)O_2$ 固溶体)中，适合的陶瓷燃料是能够获得的。在包容钚(和其他锕系元素)方面，立方氧化锆仍然是最可能用于陶瓷燃料的材料(Carroll, 1963)。基于氧化锆-钚固溶体$(Zr, Y, Gd, Pu)O_2$ 和 Al_2O_3 的双相陶瓷燃料的燃耗计算表明，有可能燃掉多于 80%的钚以及 PWR 中近乎全部的 ^{239}Pu(Furuya et al.，1996)。

2.1.3 先进核反应堆

使用铀氧化物或者 MOX 燃料反应堆的主要缺点如下：

(1) ^{235}U 和 ^{239}Pu 的燃耗低。

(2) 在地质处置场环境中，含长寿命放射性核素的乏燃料基体在化学上不稳定。

(3) 将乏燃料作为废料直接进行地质处置的可行性难以证明。深埋大量的 ^{238}U 以及可以裂变的 ^{235}U 和 ^{239}Pu 没有遵守环境安全和防止扩散的要求。此外，这在经济上也不明智。

(4) 乏燃料的后处理是一个昂贵的会生成废物的过程。在一些发达的核国家(如美国、瑞典)，目前还没有对核燃料采取后处理措施。

因而必须开发新型的核反应堆来解决裂变材料最大限度燃烧的问题。近期，该问题可能被快堆解决。快堆能使钚和其他锕系核素发生嬗变。另一个方案是开发能使用新型燃料的反应堆，例如：①用高燃耗的陶瓷燃料，然后将乏燃料直接进行地质处置(不需要后处理)；②钍燃料(^{232}Th-^{233}U 或 ^{232}Th-^{233}U-^{239}Pu)，只产生少量的次锕系核素。印度在开发 Th 作为另外的天然核材料方面走在了前列。

2.2　惰性钚陶瓷燃料

在热堆和快堆中使用惰性陶瓷燃料以最大限度烧掉钚有利于直接对乏燃料进行地质处置(2.1.2.节)。陶瓷钚燃料可能会比 MOX 燃料更有竞争力，MOX 只能在快堆中对 Pu 有足够大的燃耗，而且在辐照以后，MOX 不是一个化学稳定的固化体。尽管这种陶瓷燃料被讨论了很多年，如基于(Zr, Pu)O_2的立方固溶体(Carroll，1963)，后来立方氧化锆被提议为锕系核素的候选固化体(Heimann and Vandergraaf，1988)，但这种燃料的开发仍然处于初始阶段。在高束流的研究级反应堆的辐照下，基于(Er, Y, Pu, Zr)O_{2-x}固溶体的单相燃料行为与 MOX 的情况是可以比较的(Degueldre and Hellwig，2003)。在燃烧掉 184GWd/m^3、192GWd/m^3、237GWd/m^{3}情况下，证实了基于(Er, Y, Pu, Zr)O_{2-x}固溶体、$MgAl_2O_4$和Al_2O_3的多相燃料的稳定性(Yamashita et al.，2003)。但基于氧化锆的陶瓷燃料的热导率比UO_2的要低一半。这可以通过将燃料片制作成特殊的形状或者使用类似金属(如 Mo 或者 Zr)或添加其他高导电性、惰性相的添加剂来进行补偿。需要重点强调的是使用基于氧化锆的钚燃料在经济上有优势。来自乏燃料再循环的锆合金包壳管是金属锆的理想来源，而这些金属锆将用于制造基于氧化锆的陶瓷燃料或废物主相(Burakov and Anderson，1998)。

2.3　密封放射源

密封放射源(sealed radioactive sources，SRS)有广泛的应用，如在医院的医疗应用。SRS 在世界范围内应用广泛，在欧盟就售出了大约 500000 个 SRS。它们中的多数处于使用或储备状态(Angus et al.，2000)。这些源中很多具有非常高的放射性。在随后的安全操作和处置方面，SRS 中核素衰变导致的放射性水平降低相当有限。因此，即便超过了它们的设计寿命，多数 SRS 仍然有高放射危险，应被安全地处理和处置掉，以确保对人类和环境的长期保护。由于 SRS 的放射性强，它们需要特殊和昂贵的程序来安全和保险地存储，多数高活性和长寿命的 SRS 仍然处于存放状态以等待适合的处置方案(Chapman et al.，2005)。密封在辐射源中的锕系核素的量相当大，它们的组成众所周知(Sytin et al.，1984；Alardin et al.，2003；Ojovan and Lee，2006)。本节简要地总结含锕系元素 SRS 的特点。表 2.3.1 给出了它们的多数使用详情。

表 2.3.1　用于 SRS 的放射性核素主要参数汇总(Alardin et al.，2003)

放射性核素	半衰期/a	放射粒子	能量/MeV	应用	活性范围/Bq
^{226}Ra	1600	α, γ	4.8(α), 0.186(γ)	短距离放射治疗	3×10^6～3×10^7
$^{226}Ra/Be$	1600	中子	—	测井，湿度检测器	—
^{237}Np	2.2×10^6	α, γ	4.8(α), 0.029(γ)	中子通量测量	—
^{238}Pu	87.7	α, γ	5.5(α), 0.044(γ)	静电消除器	高达 3×10^8
				热电发电机	高达 1.9×10^{12}
^{238}Pu				X 射线荧光分析仪	6.3×10^8～3.7×10^{10}
				测井	1.2×10^{10}～1.2×10^{12}
				湿度检测器	
^{239}Pu	24181	α, γ	5.2(α), 0.052(γ)	烟雾探测器，气体分析仪，气相色谱分析	约 10^4
^{241}Am	432.2	α, γ	5.5(α), 0.060(γ)	密度测定	10^9～4×10^9
				静电消除器	10^9～1.2×10^{12}
				烟雾探测器	2×10^4～3×10^6
				避雷器	5×10^7～5×10^8
				骨密度测定	10^9～10^{10}
				X 射线荧光分析仪	3.7×10^8～1.85×10^{11}
$^{241}Am/Be$		中子		测井	10^9～8×10^{11}
				湿度检测器	10^9～9.25×10^9

使用含少量 ^{241}Am、^{238}Pu 和 ^{239}Pu 的 SRS 最常见装置是烟雾探测器(图 2.3.1)。这些密封的辐射源的质料是陶瓷，但是 Am 和 Pu 都没有包容在耐久的主体相(hostphase)中。在辐射源的制作中，含锕系元素的溶液被蒸发到一些陶瓷(如 Al_2O_3)的表面，然后锕系元素在 1200～1400℃与少量硼硅酸盐玻璃一起煅烧，或者沉淀在 TiO_2 薄层上(几微米)。新的安全要求认为使用锕系元素密封源的烟雾探测器是需要备加关注的目标。更多的现代探测器使用先进的无放射性的相似物。

一些同位素(如 ^{242}Cm、^{244}Cm，特别是 ^{238}Pu)使用在辐射同位素热电池(RTG)上(见 1.3.2 节)。这些源的内部中心由高密度的(热压形成的)锕系元素氧化物基体组成。现代电热发生器的外部焊接密封的容器舱是用铂族合金制造的，这种铂族合金具有化学惰性和耐高温性能(至少 1500℃)。但是，这不能保证使用 Pu 和 Cm 氧化物来作为 SRS 的基体是正确的。1964 年 4 月美国航天器的事故揭露了锕系元素氧化物基体的主要缺点，该航天器载有 ^{238}Pu RTG SNAP-9 核电池，该核电池导致了航天器的燃烧，把几乎 1kg 的 ^{238}Pu(0.63 TBq ^{238}Pu)散布在了地球的大气层中。

使用 ^{241}Am 和 ^{238}Pu 密封源最多的装置是伽马源和 X 射线源，它们用于冶金学的放射分析、合金的荧光照相以及边界、水平和间隙的控制中。在这些源中，锕系元素一般被烧结到石墨或者陶瓷基体的表面。一些辐射源的中心部分是用 Am 氧化物和金属铝粉末压缩的混合体制成的，这种混合体被密封在焊接的钛或不锈钢容器中(图 2.3.2)。在 X 射线源中此金属容器带有铜焊的铍窗口，铍箔厚度不超过 50μm。

图 2.3.1　俄罗斯老的烟雾探测器中的钚密封放射源。(a)RID-6m 和 IDF-1m 烟雾探测器；(b)用于烟雾探测器上的三个 AIP-EDGH Pu 密封源。钚同位素(18.5MBq 的 ^{239}Pu 或 ^{238}Pu)被 TiO_2 薄膜封装在铝圆柱的外表面；(c)拆卸后烟雾探测器 RID-6m 的全貌；(d)采用 Pu 密封源(箭头处)装置的放大图像。图片由 KRI 的 V. Zirlin 提供

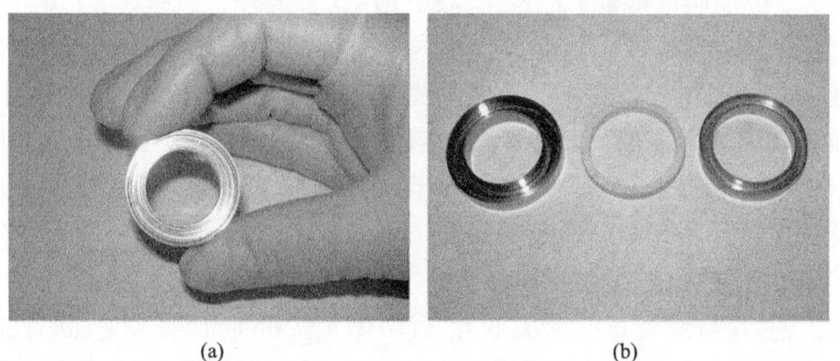

图 2.3.2　俄罗斯 RITVERC 同位素制造公司生产的环状密封 Am 源 GAm1.032(1850MBq 或者 3700MBq ^{241}Am)。(a)全貌；(b)拆卸后的三个部件，包括不锈钢体和盖子之间的半透明陶瓷芯。图片由 KRI 的 V. Zirlin 提供

用来减少静电荷的密封钚放射源具有特殊设计(图 2.3.3)。它们重要的特点是没有外部的容器囊。钚被固定(溶解)在钢支柱表面的釉瓷层上。

典型 SRS 的寿命不超过 15 年，所以 SRS 成为放射性废物的一大来源。

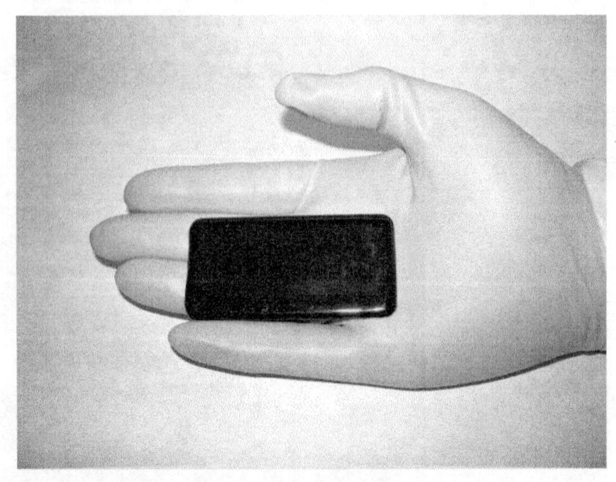

图 2.3.3　用于静电消除器的密封钚放射源 AIP-N(俄罗斯 Association Production MAYAK 公司制造)。钚同位素(37MBq ^{239}Pu 或 ^{238}Pu)被固定在钢板表面的釉瓷层上。图片由 KRI 的 V. Zirlin 提供

2.4　自生长材料

开发耐用的晶态基体自生长锕系核素掺杂材料是一个新的研究领域，它可能显著地改变锕系核素固化的途径。将 α 辐射的放射性核素掺加到一些玻璃和晶体中或一些固体的外 α 辐照，可调节发光度(Bagnall and D'Eye，1954)。由于它们化学稳定性低、抗辐照性能弱，已经不继续使用这种操作了，但在 20 世纪初该现象用于含 ^{236}Ra 的发光涂料中。非放射性闪烁材料(scintillation material)的合成和研究仍在继续进行。同一种固体可在紫外光(UV)、X 射线、β、γ 和 α 辐射下发光，其发光强度取决于激发的能量。例如，掺有 2.4%～2.7% ^{238}Pu 的单晶相锆石、$(Zr,Pu)SiO_4$，在合成后马上释放出由 Pu 自辐照引起的微弱光线(图 2.4.1(a))、低能量的阴极发光，但没有 UV 发光(Hanchar et al.，2003)。闪烁过程一般由发光中心引起，这些中心由活化元素(如 Eu、Ce、Tb、Mn、Gd、Nd、Er、Yb、Dy 或固有缺陷)激发产生。与发光直接有关的元素(活化元素)或间接有关的(固有缺陷)称为荧光体(phosphor)。在辐照下具有耐化学性、长机械寿命和稳定性的晶态闪烁材料有望在光耦合器、机器人和医学上长期使用。

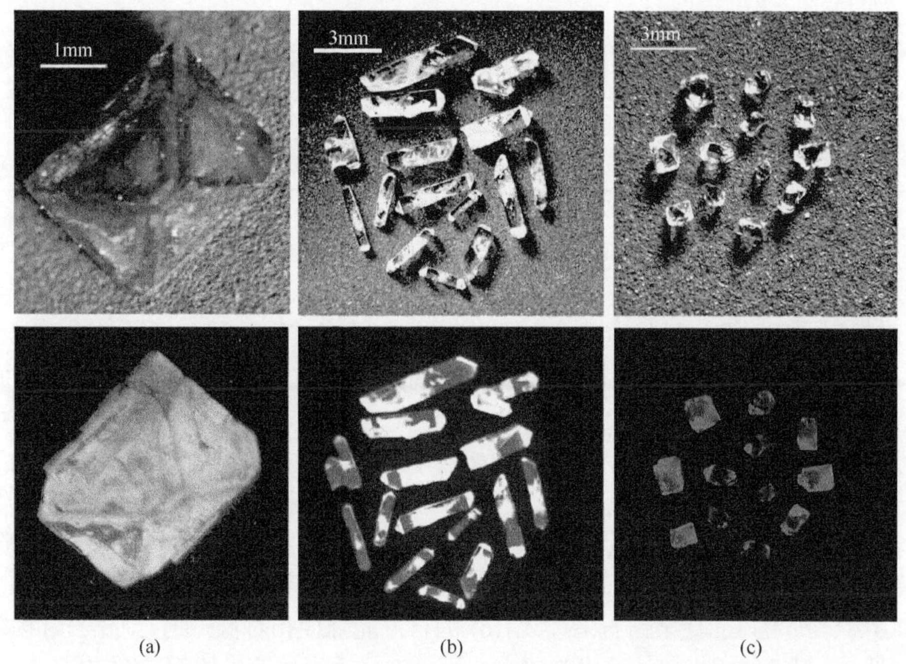

(a)　(b)　(c)

图 2.4.1　透射光(上排)和暗场(下排)中的自发光晶体：(a)含 2.4% ^{238}Pu 的无荧光体锆石；(b)含 0.007% ^{238}Pu 和 Eu 的锆石；(c)含 0.1% ^{238}Pu 和 Eu 的磷钇矿(Burakov et al.，2009)

自生长材料在侵蚀性化学介质里和太空中可工作数十年到数百年。强烈的闪烁可转化为电流。这使开发长寿命核电池成为可能，这种核电池是利用稳定材料在不同核素(特别是 α 放射性核素)辐照下发光的原理(Mikhalchenko，1988；Sychov et al.，2008)制成的。显然，低放射性器件最可能适合工业规模的应用。如果核素被固化在持久闪烁的主相晶体结构中，从生态学的观点看处置使用过的核电池就是安全的。最安全的自发光材料是那些含较低量核素(引起激发发光)的稳定的晶体主相，这些主相含有适量的荧光体(其作用是获得高强度的发光)。对选定主相而言，需要确定最佳的荧光体，主相的荧光体含量和核素含量必须达到一个平衡(表 2.4.1)。

表 2.4.1　KRI 合成的一些掺杂 ^{238}Pu 自发光晶体的特点(Burakov et al.，2009)

晶体	荧光体	^{238}Pu 含量/%	自发光强度
锆石，$(Zr, Pu, \cdots)SiO_4$	—	2.4～2.7	弱
	Eu	0.007	弱
	In	0.02	弱
	In	0.01	强
	In+Tb	0.01	非常强

续表

晶体	荧光体	^{238}Pu 含量/%	自发光强度
磷钇矿，$(Y, Pu, Eu)PO_4$	Eu	0.002	弱
	Eu	0.1	非常强

过度及不足的荧光体和(或者)核素含量都会减小自发光强度。可以有意地保持尽量低的核素含量，以避免辐照损伤效应，并满足安全要求。掺杂核素，特别是锕系核素的自发光材料的合成实验很昂贵。在掺杂锕系核素前，先确定最佳的荧光体含量是明智的。非放射性固体的阴极射线致发光(cathodoluminescence，CL)光谱技术在这方面是一有效的工具(Burakov et al.，2007)。已经有工作利用可致阴极发光的电子束来研究具有不同荧光体含量的选定的主相晶体(见 5.3 节)。由于电子束的能量与 α 辐照能量不一样，最高的阴极发光强度大致与锕系核素掺杂自发光材料中最佳荧光体含量有关(Burakov et al.，2009)。V. G. Radium 镭研究所制备的一些自发光晶体如图 2.4.1 所示。含 2.4% ^{238}Pu 无荧光体锆石(图 2.4.1(a))和含 0.007% ^{238}Pu 的 Eu 掺杂锆石(图 2.4.1(b))的自发光强度相对低。通过对锆石和磷钇矿(图 2.4.1(c))的阴极射线致发光研究，可以选择适当的荧光体(磷钇矿中为 Eu，锆石中为 In+Th)并且可以利用自发光强度来确定荧光体在含有一定量 ^{238}Pu 的合成晶体中的最佳含量(表 2.4.1)。

2.5 嬗 变 靶

含有锕系核素的陶瓷靶可以通过中子轰击引发嬗变反应，来去除长寿命的同位素，类似含锕系元素固溶体的惰性基质燃料(inert matrix fuel，IMF)中的情况(2.1.2 节)，如(Am, Zr)N、(Am, Y)N、$(Zr, Cm)O_2$、$(Zr, Cm, Am)O_2$、$(Zr, Cm, Y)O_2$，或与 MgO、$MgAl_2O_4$、$(Zr, Y)O_2$、TiN 和 ZrN 这些惰性相混合的 AmO_2、NpO_2、NpN、AmN 锕系元素相。非放射性的惰性相主要作用是为中子辐照中的靶提供稳定的力学性能。具有烧绿石和萤石结构的晶态$(Zr, Cm, Am)O_2$固溶体已经被成功地合成了，并作为嬗变靶进行了研究(Raison and Haire，2003)。尝试性合成$(Am_{0.1}Zr_{0.9})N$ 和$(Pu_{0.1}Zr_{0.9})N$ 氮化物固溶体也有报道(Minato et al.，2003)。在 MgO 基体上制造了含球状锕系掺杂的立方二氧化锆$(Zr, Y, Am)O_2$和$(Zr, Y, Pu)O_2$的嬗变靶(Croixmarie et al.，2003)。在辐照下，嬗变靶中的惰性相可能与含锕系元素的相发生反应。在高热反应堆中黑铝钙石$(MgPuAl_{11}O_{19})$可以从 Am 的嬗变中产生(Wiss et al.，2003)。而最初的靶就是 $MgAl_2O_4$ 为基体，含 Am 氧化物(可能是 $AmAlO_3$)。

2.6 小　结

在核燃料、密封辐射源或先进的材料(如自发光晶体)中使用锕系元素有很多潜在益处。但需要密切注意锕系元素极高的放射性和在环境中的迁移性(Ojovan and Lee，2006)。按现在的安全标准，在 MOX 和密封辐射源中采用具有化学不稳定形态的锕系元素是不恰当的。开发可提供安全存储、使用和最终处置的稳定、耐长久的锕系元素包容材料是一个挑战。此外，在耐久的晶体主相中锕系核素固溶体的应用是一个重要需求。

参 考 文 献

Alardin M, Al-Moughrabi M, Beer H F, et al. 2003. Management of disused long-lived sealed radioactive sources[R]. Vienna: IAEA.

Angus M J, Crumpton C, McHugh G, et al. 2000. Management and disposal of disused sealed sources in the European Union[R]. Luxemburg: European Commission.

Bagnall K W, D' Eye R W M. 1954. The preparation of polonium metal and polonium dioxide[J]. Journal of the Chemical Society (Resumed): 4295-4299.

Burakov B E, Anderson E B. 1998. Development of crystalline ceramic for immobilization of TRU wastes in V. G. Khlopin Radium Institute[C]//Proceedings of the International Conference NUCEF' 98, Hitachinaka, Ibaraki, Japan: 295-306.

Burakov B E, Garbuzov V M, Kitsay A A, et al. 2007. The use of cathodoluminescence for the development of durable self-glowing crystals based on solid solutions YPO_4-$EuPO_4$[J]. Semiconductors, 41(4): 427-430.

Burakov B E, Domracheva Y V, Zamoryanskaya M V, et al. 2009. Development and synthesis of durable self-glowing crystals doped with plutonium[J]. Journal of Nuclear Materials, 385(1): 134-136.

Carroll D. 1963. The system PuO_2-ZrO_2[J]. Journal of the American Ceramic Society, 46: 194-195.

Chapman N, Cochran J, Davis P, et al. 2005. Disposal options for disused radioactive sources[R]. Vienna: IAEA, 436: 51.

Chikalla T D, McNeilly C E, Skavdahl R E. 1964. The plutonium-oxygen system[J]. Journal of Nuclear Materials, 12(2): 131-141.

Croixmarie Y, Abonneau E, Fernández A, et al. 2003. Fabrication of transmutation fuels and targets: The ECRIX and CAMIX-COCHIX experience[J]. Journal of Nuclear Materials, 320(1): 11-17.

Degueldre C, Hellwig C. 2003. Study of a zirconia based inert matrix fuel under irradiation[J]. Journal of Nuclear Materials, 320: 96-105.

Freshley M D. 1973. UO_2-PuO_2: A demonstrated fuel for plutonium utilization in thermal reactors[J]. Nuclear Technology, 18: 141-170.

Furuya H, Muraoka S, Muromura T. 1996. Feasibility of rock-like fuel and glass waste form for disposal of weapons plutonium[M]//Merz E R, Walter C E. Disposal of Weapon Plutonium. NATO ASI series. Dordrecht: Kluwer Academic Publisher: 107-121.

Hanchar J M, Burakov B E, Anderson E B, et al. 2003. Investigation of single crystal zircon, (Zr, Pu)SiO_4, doped with ^{238}Pu[J]. MRS Online Proceeding Library Archive, 757: 215-225.

Heimann R B, Vandergraaf T T. 1988. Cubic zirconia as a candidate waste form for actinides: Dissolution studies[J]. Journal of Materials Science Letters, 7(6): 583-586.

Kotelnikov P B, Bashlikov S N, Kashtanov A I, et al. 1978. High Temperature Nuclear Fuel[M]. (in Russian) Moscow: Atomizdat.

Mikhalchenko G A. 1988. Radioluminescence Illuminators[M]. (in Russian) Moscow: Energoatomizdat.

Minato K, Akabori M, Takano M, et al. 2003. Fabrication of nitride fuels for transmutation of minor actinides[J]. Journal of Nuclear Materials, 320(1-2): 18-24.

Neeft E A C, Bakker K, Schram R P C, et al. 2003. The EFTTRA-T3 irradiation experiment on inert matrix fuels[J]. Journal of Nuclear Materials, 320(1): 106-116.

Ojovan M, Lee W. 2006. An introduction to nuclear waste immobilisation[J]. Materials Today, 9(3): 55.

Raison P E, Haire R G. 2003. Structural investigation of the pseudo-ternary system AmO_2-Cm_2O_3-ZrO_2 as potential materials for transmutation[J]. Journal of Nuclear Materials, 320(1): 31-35.

Sari C, Benedict U, Blank H. 1970. A study of the ternary system UO_2-PuO_2-Pu_2O_3[J]. Journal of Nuclear Materials, 35(3): 267-277.

Sychov M, Kavetsky A, Yakubova G, et al. 2008. Alpha indirect conversion radioisotope power source[J]. Applied Radiation and Isotopes, 66(2): 173-177.

Sytin B P, Teplov F P, Cherevatenko G A. 1984. Radioactive Sources of Ionizing Radiation[M]. (in Russian) Moscow: Energoatomizdat.

Wiss T, Konings R G M, Walker C T, et al. 2003. Microstructure characterisation of irradiated Am-containing $MgAl_2O_4$[J]. Journal of Nuclear Materials, 320: 85-95.

Yamashita T, Kuramoto K, Nitani N, et al. 2003. Irradiation behavior of rock-like oxide fuels[J]. Journal of Nuclear Materials, 320(1): 126-132.

第 3 章　锕系废物的固化

3.1　陶瓷核废物固化体：历史概述

3.1.1　早期工作

这里简要总结稳定的锕系核素固化相(包括一开始并不被考虑作为固化相的陶瓷)的相关情况。陶瓷固化体，如人造岩和单相陶瓷，其详细综述已有报道(Lutze and Ewing，1988；Donald et al.，1997；Ewing，1999)。同时，一些综述文章也总结了包括玻璃和玻璃复合材料的其他核废物固化体(Stefanovsky et al.，2004；Yudintsev et al.，2007；Ojovan and Lee，2007；Caurant et al.，2009)。Hatch 第一个提出用作核废物固化体的矿物(Hatch，1953)。Carroll(1963)随后提出用氧化锆-氧化钚固溶体(Zr，Pu)O_2 作为先进核燃料。Richman 等(1967)发表了熔融法生长单晶锆石里 U^{4+}的吸收光谱数据。当时没有报道锆石晶体中 U 含量是多少。美国华盛顿太平洋西北国家实验室(Pacific Northwest National Laboratory，PNNL)和宾夕法尼亚州立大学(Pennsylvania State University，PSU)于 20 世纪 70 年代对 Supercalcine(译者注：Supercalcine 是一种相互兼容、耐火和抗浸出性能优异的包含高放废液离子的固溶体相的结晶组合)开展了初步研究。Supercalcine 以能达到包容 60%废物为目的，被认为是人造岩(Synroc)的先驱(McCarthy，1979)。它是通过加入 HLW 液体后在低于 1000℃时烧结形成的稳定晶体相。“特制”玻璃陶瓷的想法诞生于 PSU(Roy，1975)。该方法通过在高放废物固化过程中加入化学添加物使得在玻璃固化体中特殊的稳定相结晶化。第一个特制榍石陶瓷由美国 Sandia 实验室用热压法合成(Lutze and Ewing，1988)。这项工作确认了有潜力包容锕系核素的相，如钙钛锆矿 $CaZrTi_2O_7$、钙钛矿 $CaTiO_3$。1976～1982 年，进一步开发了固化高放废物的特制陶瓷，有潜力固化锕系核素的相有 Ti 基烧绿石(Gd, La)$_2Ti_2O_7$、立方萤石型固溶体(U, Th, Zr)O_2 和莫他石(murataite)型矿相 Zr(Ca, Mn)$_2$(Fe, Al)$_4Ti_3O_{16}$(Morgan and Ryerson，1982)。钙钛锆矿($CaZrTi_2O_7$)、钙钛矿($CaTiO_3$)是澳大利亚开发的多相陶瓷固化体人造岩(Synroc)中著名的固化锕系核素的主相(Ringwood，1978)。1978 年，有人提出了一种基于独居石(Ln, Gd)PO_4 的陶瓷固化相(Boatner，1978；MaCarthy et al.，1978)。PNNL 的研究者报道了正硅酸盐磷灰石相可把至少 6%的锕系核素(^{244}Cm 和 ^{240}Pu)固溶在结晶玻璃废物体中(Weber et al.，1979)。美国橡树岭国家实验室(Oak Ridge National Laboratory，

ORNL)获得了掺杂 ^{239}Pu(5%)、^{237}Np(2.0%)、^{241}Am(0.2%)的单晶独居石(Boatner et al.，1980)。ORNL 还合成了 ^{243}Cm 和 ^{244}Cm 掺杂的锆石结构 $LuPO_4$ 单晶(Abraham and Boatner，1982)。美国洛斯阿拉莫斯国家实验室(Los Alomos National Laboratory，LANL)的研究人员合成了 ^{238}Pu 替代的立方钙钛锆石 $CaPuTi_2O_7$ 和部分替代的单斜钙钛锆石 $CaZr_{0.8}Pu_{0.2}Ti_2O_7$(Clinard et al.，1982)。

1982 年，锆石 $ZrSiO_4$ 被首次提出是一种合适的废物固化相(McKown et al.，1982)。PNNL 合成并研究了掺杂 2.3%(摩尔分数)Cm_2O_3(62%(原子分数)^{244}Cm)的硅酸盐磷灰石 $Ca_2Nd_8(SiO_4)_6O_2$(Weber，1982；1983)。PNNL 还合成了掺杂 10% ^{238}Pu 的多晶锆石(Zr, Pu)SiO_4(Exharos，1984)，掺杂 Cm(3% ^{244}Cm)的烧绿石 $Gd_2Ti_2O_7$ 和钙钛锆石 $CaZrTi_2O_7$(Weber et al.，1986)。英国哈维尔(Harwell)的 UKAEA 实验室于 1987 年制备了掺杂 ^{238}Pu 和 ^{244}Cm 的人造岩 Synroc(Hambley et al.，2008)。

1988 年，有人提出立方氧化锆是一种有潜力的锕系核素固化相(Heimann and Vandergraaf，1988)。1988～1989 年有人用光学方法研究了掺杂 0.2%和 2.0% ^{237}Np 及 0.2% ^{242}Pu 的锆石单晶(Poirot et al.，1988；Poirot et al.，1989)。俄罗斯 KRI 的科学家在切尔诺贝利“熔岩”(lava)基质(图 3.1.1)中发现了含铀量高达 10%的高铀锆石晶体(Zr, U)SiO_4(Burakov et al.，1991)。与这些生成的高铀锆石一起被发现的还有单斜氧化锆(Zr, U)O_2，它是包含百分之几铀的固溶体(图 3.1.2)。从此，人们知道锆石和氧化锆是有潜力固化锕系核素的主相(Burakov，1993；Anderson et al.，1993)。

3.1.2 Pu 固化相的出现

1990 年，苏联原子能部发起发展高放废物陶瓷固化体的计划。与澳大利亚开发的主要用于固化乏燃料后处理的固体高放废物的人造岩不同，俄罗斯陶瓷研究的主要目的是固化超铀元素和高放废物中分离出的放射性稀土元素。考虑使用的潜在主相有锆石、氧化锆、独居石、钙钛矿和钙钛锆石。因为乏燃料锆合金包覆层里含有大量锆，锆石和氧化锆被认为是最佳主相。

1994 年，美国科学院声称，过量的 Pu 是国家和国际社会安全的危险因素(*Management and Disposition of Excess Weapons Plutonium*，1994)。自此，美国开展了大量的研究工作来发展固化 Pu 的技术。美国劳伦斯利佛莫尔国家实验室(Lawrence Livermore National Laboratory，LLNL)和澳大利亚核科学与技术组织(Australian Nuclear Science and Technology Organization，ANSTO)合作开发了固化锕系核素的 Ti 基烧绿石$(Ca, Gd, Pu, U, Hf)_2Ti_2O_7$(Ebbinghaus et al.，1998)。

Ewing 等(1995)发表了一篇详细论证锆石是稳定固化 Pu 主相的报告。

随后，为了在轻水反应堆和压水反应堆中焚烧 Pu，人们提出了基于立方氧化

图 3.1.1 从切尔诺贝利“熔岩”基质中提取的高铀锆石晶体(Zr, U)SiO_4。该锆石化学组分在($Zr_{0.95}U_{0.05}$)SiO_4和($Zr_{0.90}U_{0.10}$)SiO_4之间(Burakov et al.，1991；Burakov，1993；Anderson et al.，1993)

图 3.1.2 高铀锆石(Zr, U)SiO_4里掺杂铀的氧化锆包体(Zr, U)O_2的 SEM 背散射电子图像。黑色基质是切尔诺贝利“熔岩”硅酸盐玻璃状材料。白色包体是铀氧化物与锆混合物晶体(Anderson et al.，1993)

锆和氧化钚固溶体的不含 U 的岩石状燃料方案(Degueldre et al.，1996；Furuya et al.，1996)。日本原子能研究所(Japan Atomic Energy Research Institute，JAERI)合成了掺杂 ^{237}Np 的氧化钇-稳定增强的多晶立方氧化锆样品(Kuramoto et al.，1995)。

稀土硅酸盐磷灰石 $Ca_{4-x}REE_{6+x}(SiO_4)_{6-y}(PO_4)_y(F, OH, O)_2$ 也被认为是有潜力处置 Pu 的固化材料(Ewing et al.，1996)。俄罗斯科学工业协会(SIA)“Radon”在感应熔融生成的人造岩基质中发现了一种莫他石状的相($Ca_{2.65}U_{0.3}Ce_{0.2}$)$Ti_{7.3}Mn_{0.6}Zr_{0.4}Al_{0.3}O_{20.0}$(Sobolev et al.，1997)。立方氧化锆对低能和高能 Xe 离子辐照都有高的耐辐照性(Degueldre et al.，1997)。爱达荷化学后处理工厂(Idaho Chemical Reprocessing Plant，ICPP)煅烧的高放废物和为固化 Pu 而研发的玻璃陶瓷固化体中发现了掺杂 23%～52% Pu 的立方氧化锆相和掺杂约 6% Pu 的钙钛锆

相(O'Holleran et al., 1997)。1998 年发表了一篇合成可以固化包括锕系核素在内的不同放射性核素的磷灰石固化体的综述(Carpena et al., 1998)。法国巴黎南大学核研究所的科研人员提出钍二磷酸盐(TPD)$Th_4(PO_4)_4P_2O_7$是固化 4 价锕系核素的稳定主相(Dacheux et al., 1998a)。他们合成了几种固溶体$(Th, Pu)_4(PO_4)_4P_2O_7$和$(Th, Np)_4(PO_4)_4P_2O_7$(Dacheux et al., 1998b; 1998c; 1999)。在合成过程中，他们也观察到形成了独居石结构的 $PuPO_4$，而不是原计划合成的 $Pu_4(PO_4)_4P_2O_7$(Dacheux et al., 1998b)。

在美国 ORNL 和 JAERI 联合计划中，Zr 基烧绿石 $Pu_2Zr_2O_7$ 和 $Am_2Zr_2O_7$ 被成功合成出来(Raison et al., 1999)。德国超铀元素研究所(Institute for Transuranium Elements, ITU)合成出掺杂 2%和 10% ^{241}Am 的多晶锆石小球(Burghartz et al., 1998)。1998 年，石榴石结构的固溶体$(Y,Gd)_3(Al,Ga)_5O_{12}$被提出来作为含 Ga 和 Pu 废物的固化体(Burakov and Strykanova, 1998)。

用自蔓延反应法合成固化 U 和 Pu 的大尺寸氧化锆固化体在实验室获得了成功(Ojovan et al., 1999; Kulyako et al., 2001)。针对含金属 Zr 的废物的自蔓延高温合成 Synroc 的工作做了建模(Sobolev et al., 1998)。

日本合成了掺杂 ^{237}Np(10%、20%、30%、40% NpO_2(摩尔分数))的氧化钇增强的立方氧化锆$(Zr, Y, Np)O_x$(Kinoshita et al., 1998)。

人工合成的化学式简单的 $A_4B_2C_7O_{22}$ 莫他石也被认为是固化锕系核素的主相。其中 A=Ca、Mn、TR(TR 是稀土元素法文 terres reres 的缩写，译者注)、U；B=Mn、Ti、Zr、U；C=Ti、Al(Laverov et al., 1998; Stefanovsky et al., 1999)。

KRI 用熔融法获得了 Pu 掺杂(多达 5%～6% ^{239}Pu)的钆铝石榴石和钙钛矿相(Burakov et al., 2000)。KRI 和 LLNL 合作合成了掺杂 ^{239}Pu(5%～10% Pu)的陶瓷，如烧绿石$(Ca, Gd, Pu, U, Hf)_2Ti_2O_7$、锆石$(Zr, Pu)SiO_4$、立方氧化锆$(Zr, Gd, Pu)O_2$(Burakov and Anderson, 2000)。

人们发现烧绿石结构的 $Gd_2Zr_2O_7$ 具有耐 Xe 离子辐照的特性，因而认为 Zr 基烧绿石可以作为固化 Pu 的主相(Wang et al., 1999)。离子辐照导致钆锆烧绿石由烧绿石结构转变为萤石型结构。即使辐照剂量很高，它仍然保持晶态。

3.1.3 稳定性研究

掺杂 ^{237}Np(20%、30%和 40% NpO_2(摩尔分数))的立方氧化锆$(Zr, Y, Np)O_x$的化学稳定性研究表明，氧化锆中 Np 的浸出率比 Synroc 中的小(Kinoshita et al., 2000)。

对含有 15% Pu 的烧绿石和钙钛锆石结构的钛酸盐陶瓷做 MCC-1 浸出实验，实验条件为去离子水，90℃。浸出实验展示了它们在固化 Pu 时具有比较理想的高稳定性(Hart et al., 2000)(原作者注：MCC-1 实验测量空气开放的静态条件下固化体浸出稳定性，以与真实情况比较(Strachan, 2001))。

PNNL 研究了掺杂 ^{238}Pu 的烧绿石型$(Ca, Gd, Pu, U, Hf)_2Ti_2O_7$(11%～12% PuO_2；19%～24% UO_2)和钙钛锆石型 $Ca(Hf, U, Pu, Gd)Ti_2O_7$(7.4% PuO_2；1.8% UO_2)陶瓷(Strachan et al.，2000)。两类陶瓷都被认为是固化武器级 Pu 的可靠材料。

俄罗斯原子反应堆研究所(Research Institute of Atomic Reactors，RIAR)合成了掺杂 ^{238}Pu (8.7% ^{238}Pu)的烧绿石陶瓷(Volkov et al.，2001；Lukinykh et al.，2002)。KRI 获得了基于锆石和铪石掺杂 ^{239}Pu(5%～10% Pu)的$(Zr, Pu)SiO_4$和$(Hf, Pu)SiO_4$陶瓷(Burakov et al.，2001a)。陶瓷包容量在 5%～6% ^{238}Pu 时，生成均匀的固溶体基质，而 10%的 Pu 包容量会形成 PuO_2 包体。

KRI 制备了掺杂约 5% ^{238}Pu 的锆石$(Zr, Pu)SiO_4$和掺杂 10% ^{238}Pu 的立方氧化锆陶瓷$(Zr, Gd, Pu)O_2$(Burakov et al.，2001b)。立方氧化锆具有很高的耐辐照性能。即使受到很高的辐照，锆石结构的陶瓷化学稳定性也很高。

^{238}Pu 掺杂的钛酸盐陶瓷(Strachan et al.，2002)的辐照损伤研究表明，损伤在钙钛锆石和烧绿石基的陶瓷里发生得比预想中要快。损伤的烧绿石在去离子水中 90℃下浸泡 3d 的总溶出率是 $0.04g/m^2$，损伤钙钛锆石是 $0.3g/m^2$。立方氧化锆(Raison et al.，2002)中的 Am 和 Cm 固溶体在$(Y_{0.4}Zr_{0.6})O_{1.8}$-$(Y_{0.4}Am_{0.6})O_{1.8}$ 和$(Y_{0.4}Zr_{0.6})O_{1.8}$-AmO_2 系统中出现了不同的相，并具有立方萤石型结构。在 $CmO_{1.5}$-ZrO_2 系统中的相既有萤石结构$(Cm_xZr_{1-x})O_{2-2/x}$，也有烧绿石结构 $Cm_2Zr_2O_7$。此外，锎烧绿石 $Cf_2Zr_2O_7$ 也被合成了出来。

SIA“Radon”用冷坩埚感应熔融法获得了掺杂 8%和 10% PuO_2 的莫他石型陶瓷(Stefanovsky et al.，2001)。在这些陶瓷里发现了与莫他石$(Ca, Mn, Gd, Pu)_4(Mn, Ti, Zr, Pu)_2(Ti, Al, Fe)_7O_{22-x}$相伴的钙钛矿相$(Ca, Gd, Pu^{3+})(Ti, Al)O_3$。然而，用烧结法尚未成功合成莫他石。因此，莫他石可能不是一种平衡相，它可能通过熔融淬火、痕量元素或特别的化学计量比使阳离子有序，来使晶体稳定。阳离子有序与原子尺寸、电荷等有关(Hyatt，2009)。

RIAR 获得的 ^{239}Pu 和 ^{238}Pu 掺杂的烧绿石基陶瓷(Zamoryanskaya et al.，2002)的阴极射线谱表明，在合成的烧绿石$(Ca, Gd, Pu, U, Hf)_2Ti_2O_7$中出现了铀酰离子$(UO_2)^{2+}$，这是自辐照的结果。这个现象与天然蜕晶化的铀烧绿石$(Ca, Na, U)_2(Ti, Nb, Ta)_2(O, OH, \cdots)_7$中出现铀酰离子的现象一致。

有人用自蔓延高温合成法制备出含 Zr 放射性废物的人造岩陶瓷固化体(Ojovan et al.，2001)。这从实验上证明了用自蔓延高温合成法可以利用废物中的 Zr 对锕系和其他长寿命放射性核素进行固化。

俄罗斯莫斯科无机材料研究所(Institute of Inorganic Materials，VNIINM)合成并研究了基于固溶体$(Hf, Pu, Y)O_x$和$(Hf, Pu)O_2$ 的没有达到临界质量的 Pu 陶瓷(Timofeeva et al.，2002)。

KRI 合成了掺杂 2.4%～2.6% ^{238}Pu 的锆石单晶$(Zr, Pu)SiO_4$(Hanchar et al.，

2003)。观察到的辐照损伤现象包括裂纹、颜色变化和阴极射线致发光。

用 MCC-1 浸出测试法分析 Pu 掺杂和 Pu+Am 掺杂的氯磷灰石 $Ca_5(PO_4)_3Cl$ 和氟磷钙石 $Ca_2(PO_4)Cl$，给出了标准质量损失数据(normalised mass loss)。在 40℃下用去离子水浸泡 28d：Pu 浸出率为$(3.6～11.9)\times10^{-6}g/m^2$，Am 浸出率为 $2.4\times10^{-7}g/m^2$。这些数值都比较低。

日本科学家建议用磷酸锆钠(sodiun zirconium phosphate，NZP)$NaZr_2(PO_4)_3$ 来固化高放废物(Seida et al.，2003)。NZP 多变的结构适合固化不同的多价态元素。RIAR 合成了具有磷锆钾矿结构的不同的磷酸盐 $KU_2(PO_4)_3$、$RbU_2(PO_4)_3$、$NaPu_2(PO_4)_3$、$KPu_2(PO_4)_3$、$RbPu_2(PO_4)_3$、$NaNp_2(PO_4)_3$、$KNp_2(PO_4)_3$、$RbNp_2(PO_4)_3$(Volkov et al.，2003)。实验表明它们具有固化锕系核素的能力。

掺杂 9.9% ^{238}Pu 的氧化钆稳定的立方氧化锆 $Zr_{0.79}Gd_{0.14}Pu_{0.07}O_{1.99}$ 的研究表明，经过累积剂量 277×10^{23} α 衰变/m³ 的辐照，样品仍保持晶态(Burakov et al.，2004a)。

在空气条件下，1450℃烧结出的掺杂 Pu 的钙钛锆石陶瓷(包含 10% $^{239}PuO_2$ 或 10% $^{238}PuO_2$)，平均密度可达理论值的 93.3%(Advocat et al.，2004)。PNNL 报道了大量关于基于钙钛锆烧绿石掺杂 ^{238}Pu 的钛酸盐陶瓷的辐照损伤研究工作(Strachan et al., 2004)。KRI 合成了掺杂 8.1% ^{238}Pu 的独居石(La, Pu)PO_4 和含 7.2% ^{238}Pu 的 $PuPO_4$(Burakov et al.，2004b)。La 独居石在大气条件下累积剂量达到 119×10^{23}α 衰变/m³ 时仍然保持晶态，而 $PuPO_4$ 在累积剂量仅 42×10^{23} α 衰变/m³ 时即已几乎完全非晶化。

PNNL 还制备了基于锕系核素掺杂(3.8%氯化钚(钚为 3+)和 0.2%氯化镅的模拟废物)的氯磷灰石 $Ca_5(PO_4)_3Cl$ 和氟磷钙石 $Ca_2(PO_4)Cl$(Metcalfe et al.，2004)的粉末样品。部分样品用 ^{238}Pu 掺杂而非 ^{239}Pu 以研究辐照损伤。532d 后(剂量达 6×10^{17}α 衰变/g)没有观察到明显的辐照损伤。对 ^{238}Pu 掺杂的烧绿石陶瓷进行 SEM 和微区分析表明，烧绿石固溶体$(Ca, Gd, Pu, U, Hf)_2Ti_2O_7$ 在自辐照条件下出现了损伤，同时形成了新相(Zamoryanskaya and Burakov，2004)。KRI 还获得并研究了掺杂 8%～14% ^{239}Pu 的单晶锆石(Zr, Pu)SiO_4(Hanchar et al.，2004)。

烧绿石 $Am_2Zr_2O_7$ 和 $Cf_2Zr_2O_7$ 的辐照效应研究表明样品在自辐照条件下会从烧绿石结构转变为萤石结构(Sikora et al., 2005)。这种现象的一种解释是 Cf 和 Am 的价态从 3+转变为 4+。

^{238}Pu 掺杂的 Ti 基烧绿石陶瓷辐照效应工作已有文献总结(Strachan et al.，2005)。尽管自辐照会对烧绿石结构造成损伤，但从化学和物理角度看，这种材料仍然是能固化多余武器级 Pu 的可行材料。

科研人员比较了蜕晶化天然锆石在酸溶液 175℃条件下的修复情况与自辐照条件下达到相同累积剂量的人工掺杂 ^{238}Pu 的多晶锆石之间的差别(Geisler et al.，2005)，发现人造锆石和天然锆石差异极大。只在 ^{238}Pu 掺杂的锆石样品中观察到了快速再结晶。

Kinoshita 等(2006)确认了掺杂 ^{237}Np(20% NpO_2、30% NpO_2、40% NpO_2(摩尔分数))的立方氧化锆(Zr, Y, Np)O_x 拥有很高的力学稳定性。

Hambley 等(2008)对合成 20 年之久的 ^{238}Pu 掺杂 Synroc 陶瓷压片分析发现，样品形成了不明显的裂纹，但仍然保持力学稳定性。Farnan 等(2007)开展了完全非晶化的 ^{238}Pu 掺杂多晶锆石的核磁共振(nuclear magnetic resonance，NMR)实验。结果表明，NMR 技术在观察晶体材料辐照损伤效应的有效性。Burakov 等(2008)总结了 5 年的关于掺杂 ^{238}Pu 的陶瓷和单晶(立方氧化锆、锆石、独居石、Ti 基烧绿石)样品的辐照损伤效应结果，发现立方氧化锆对自辐照有极端的耐辐照性能。同时还发现锆石虽然会发生非晶化，但没有出现固溶体损坏的情况。而 Ti 基烧绿石在完全非晶化前出现固溶体损坏、形成新相的现象。独居石相的耐辐照性与锕系核素包容量密切相关。锆石和独居石单晶在自辐照条件下会失去机械完整性并形成微小且弥散的颗粒。

立方氧化锆在高温高压下的稳定性已在一个花岗岩系统中通过实验证实(Gibb et al.，2008a；2008b)。这表明它具有固化 Pu 废物的能力，可以保存在深地质处置库坛洞内。

发展稳定的掺杂混合了 Pu 和其他锕系核素的自发光晶体的初步研究结果表明，这类材料拥有成为固化锕系核素的晶体材料的安全性和稳定性(Burakov et al., 2007)。

掺杂 2% ^{244}Cm 的铁酸盐石榴石陶瓷 $Ca_{1.5}Gd_{0.908}Cm_{0.092}Th_{0.5}ZrFe_4O_{12}$ 在累积剂量达到 76×10^{23} α 衰变/m^3 时发生完全非晶化(Lukinykh et al.，2008)。

一篇掺杂 ^{238}Pu 的钙钛锆石辐照效应的综述(Strachan et al.，2008)表明，即使辐照导致发生肿胀饱和，陶瓷仍然保持物理完整性，没有观察到微区裂纹出现。锕系核素陶瓷固化体的数据总结在 Laverov 等(2008)的文章中。有人成功合成出具有强烈自发光特性的掺杂 ^{238}Pu(≤0.1% ^{238}Pu)的锆石和磷钇矿晶体(Burakov et al.，2009)。这表明有可能获得锕系核素含量较低的化学稳定的自发光材料。Cm 掺杂的烧绿石结构的 $Gd_{1.935}Cm_{0.065}TiZrO_7$(Yudintsev et al.，2009)在累积剂量达到 4.6×10^{18} α 衰变/g(0.60dpa①)时发生了非晶化。

3.2 钛酸盐陶瓷

3.2.1 人造岩

人造岩(synthetic rock，Synroc)是澳大利亚科学家开发的著名的作为玻璃固化

① dpa 表示原子平均移位次数。

体替代物的固化固体高放废物的榍石型多相陶瓷固化体。Ringwood 等(1988)对该人造岩组分和主要特征进行了详细描述。人造岩 Synroc 是由 4 种主要的钛酸盐矿物组成的集合：钙钛锆石 $CaZrTi_2O_7$、锰钡矿石 $BaAl_2Ti_6O_{16}$、钙钛矿石 $CaTiO_3$ 和氧化钛 TiO_x。只有钙钛锆石和钙钛矿石可包容锕系核素。各组相具体比例取决于高放废物的组成。例如，Synroc-C 是设计来包容大约 20%煅烧过的 HLW 的人造岩。它由以下主相及其他相组成(质量分数，大致含量)：30%锰钡矿石，30%钙钛锆石，20%钙钛矿石和 20%氧化钛。固化武器级 Pu 或超铀废物而不是固体 HLW 时，需要根本性地改变 Synroc 的相组成，主要由钙钛锆石基或烧绿石基陶瓷组成。制备 Synroc-C 的前驱体包含大约 57%TiO_2 和 2%左右的金属 Ti。金属 Ti 在合成过程中产生还原条件，减少放射性 Cs 的挥发。如果只用来固化锕系核素，就无需金属添加剂。可用不同方法制备 Synroc 陶瓷，包括热压烧结、冷压后在空气中烧结、熔融生长、自蔓延高温反应(第 4 章)。作为一种独特的陶瓷固化体，Synroc 在许多国家的实验室测试过。掺杂 ^{239}Pu、^{238}Pu、^{244}Cm 的 Synroc 或钙钛锆石样品被澳大利亚、美国、英国、法国、德国、日本和俄罗斯的团队研究过(3.1 节)。然而，尽管开展了非放中试装置规模的实验，带放大规模的实验工作并没有过。

3.2.2　Ti 基烧绿石

早在 1982 年，有人提出 Ti 基烧绿石是一种固化锕系核素的潜在主相。然而，直到 1995～1998 年，它才被真正重视(3.1 节)。LLNL 和 ANSTO 最初设想用钙钛锆石基陶瓷(类似于 Synroc)作为固化多余武器级 Pu 及(可能的)^{235}U 的材料。考虑使用 Gd 和 Hf 这两种具有不同化学行为的中子吸收剂。如果地质处置不可预测的条件导致陶瓷基质蚀变，释放出 Pu，那么 Gd^{3+}会跟随 Pu^{3+}，Hf^{4+}伴随着 Pu^{4+}而迁移，从而避免出现临界问题。设计的陶瓷前驱体主要组分包括(质量分数)：23.7% UO_2，11.9% PuO_2，8.0% Gd_2O_3，10.7% HfO_2，10.0% CaO，35.7% TiO_2。合成实验研究表明形成了烧绿石$(Ca, Gd, Pu, U, Hf)_2Ti_2O_7$，而不是钙钛锆石(Ebbinghaus et al.，1998)。将氧化物前躯体进行冷压压制后在空气中于 1350～1400℃烧结的工艺也被开发出来。LLNL 研发和制造了中试规模的生产全尺寸陶瓷，包括掺杂 Pu 样品的设备。掺杂 Ce 的非放样品(图 3.2.1)和包括掺杂 Pu 的样品都进行了测试。

在 LLNL 和俄罗斯相关研究所达成的框架协议下，KRI 于 1999～2002 年(Burakov and Anderson，2000；Burakov and Anderson，2002)用空气中烧结的方法合成了掺杂 Pu 的烧绿石陶瓷(图 3.2.2)。烧绿石陶瓷也可在 CO 气氛下于 1350～1380℃用熔融法烧结出来(图 3.2.3)。

Ti 基烧绿石在工业上具有吸引力，因为氧化物前驱体处理工艺简单，避免了

图 3.2.1　美国 LLNL 制备的 Ce 掺杂烧绿石的全貌

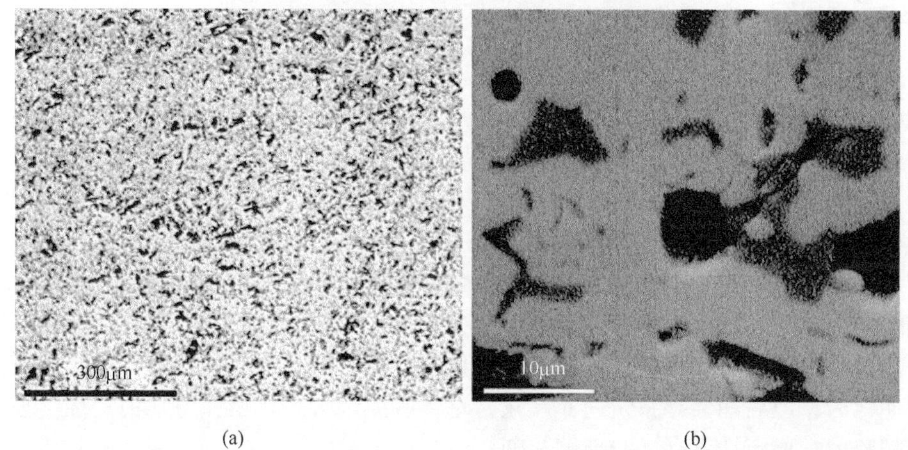

(a)　(b)

图 3.2.2　俄罗斯 KRI 在空气中 1400℃制备的 Pu 掺杂(约 10% ^{239}Pu)的烧绿石陶瓷的 SEM 背散射电子图像。浅色相是烧绿石(Ca, Gd, Pu, U, Hf)$_2$Ti$_2$O$_7$；灰色相是金红石 TiO_2；黑色是孔洞

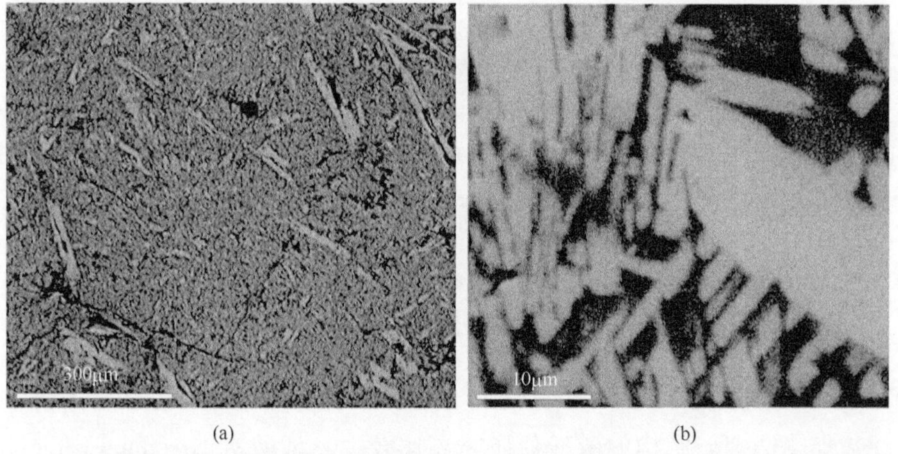

(a)　(b)

图 3.2.3　俄罗斯 KRI 在 CO 气氛下 1380℃熔融法制备的 Pu 掺杂(约 10% ^{239}Pu)的烧绿石陶瓷的 SEM 背散射电子图像。浅色相是烧绿石(Ca, Gd, Pu, U, Hf)$_2$Ti$_2$O$_7$；灰色区域不确定

处理含锕系元素溶液的复杂化学过程。而且无需热压烧结，空气下烧结即可获得致密陶瓷。然而，该法还是存在不少缺点：

(1) 选择 Ti 基烧绿石作为锕系核素固化相没有相似的天然矿物的支持。离子交换反作用于烧绿石会使其风化。

(2) 目前富 U 并不作为要固化的材料，因此不适合包含在烧绿石组分中。

(3) Ti 基烧绿石面临的锕系核素自辐照的耐辐照性能不如 Zr 基烧绿石(第 6 章)。

3.3　磷酸盐陶瓷

3.3.1　独居石

Boatner 和 Sales(1988)总结了独居石陶瓷的主要特点。使用独居石(La, Ce, Gd, …)PO_4作为锕系核素固化主相有相应天然矿物的证据支持(1.4 节)。部分结晶的具有独居石结构的镧系-锕系磷酸盐固溶体可很容易地通过在液体废物中加入磷酸或磷酸铵使其沉淀获得(第 4 章)。共沉淀前驱体合成陶瓷的方法不会出现锕系析出的问题。该法另一重要优势是能在相对低温(1200～1250℃)下在空气中烧结出致密陶瓷。独居石结构对锕系核素包容量大，理论上可对三价锕系核素形成连续固溶体。然而，合成 ^{238}Pu 掺杂的独居石(Burakov et al.，2004b)研究表明，还是需要确定独居石陶瓷对锕系核素的最佳包容量。超过临界包容量不会影响陶瓷短期行为，但后期会导致快速非晶化，基体肿胀，失去化学和力学稳定性。独居石陶瓷力学稳定性不高，与玻璃相似。

3.3.2　钍二磷酸盐

基于钍二磷酸盐(thorium phosphate diphosphate，TPD)$Th_{4-x}M_x(PO_4)_4P_2O_7$的陶瓷是由法国科学家开发出来的用于固化武器级 Pu 及其他锕系核素的材料(Dacheux et al.，1998a)。其中，M=U, Np, Pu。TPD 可把锕系核素包容在 Th 的位置(质量分数)：47.6% U，33.2% Np，26.1% Pu。已合成出基于单相固溶体的不同 TPD 样品$(Th, Pu)_4(PO_4)_4P_2O_7$和$(Th, Np)_4(PO_4)_4P_2O_7$(Dacheux et al.，1998b；1998c；1999)。

TPD 的一大优势在于前驱体制备简单。通过混合浓缩的硝酸钍和磷酸即可获得 TPD 原样沉淀。然后，在空气中 1100～1350℃烧结出陶瓷。

TPD 陶瓷的力学稳定性与其他磷酸盐陶瓷相似，与硼磷酸盐玻璃相当或略低。

3.3.3　磷锆钾矿和磷酸锆钠

基于磷锆钾矿结构的磷酸盐研究还比较少。磷酸锆钠(sodium zirconium phosphate，NZP)$NaZr_2(PO_4)_3$不仅可在 Zr 位容纳锕系，还可包容 HLW 中其他放射性核素(Seida et al.，2003)。这种陶瓷固化体有助于固化化学组分复杂的含锕系元素的废物。合成 $KU_2(PO_4)_3$、$RbU_2(PO_4)_3$、$NaPu_2(PO_4)_3$、$KPu_2(PO_4)_3$、$RbPu_2(PO_4)_3$、$NaNp_2(PO_4)_3$、$KNp_2(PO_4)_3$、$RbNp_2(PO_4)_3$ 的工作已有报道(Volkov et al.，2003)。然而，基于锕系核素掺杂 NZP 或其他磷锆钾矿型主相的陶瓷主要特点还需更多研究。这类陶瓷可在低温(900～1000℃)下合成，但在空气下合成致密 NZP 陶瓷很困难。同时，与硼磷酸盐玻璃相比磷锆钾矿型陶瓷力学稳定性较差。

3.3.4　磷灰石

基于磷酸盐磷灰石 $Ca_5(PO_4)_3(OH, Cl, F)$的陶瓷不比其他磷酸盐陶瓷更有优势。它们的力学稳定性与独居石陶瓷和玻璃相当。磷酸盐磷灰石对锕系核素最佳包容量的情况还不清楚，但毫无疑问，肯定比独居石少。稀土硅酸盐磷灰石(Si 可以完全取代 P)$Ca_{4-x}REE_{6+x}(SiO_4)_{6-y}(PO_4)_y(F, OH, O)_2$ 锕系核素包容量最大，因而被提议用来固化 Pu 和其他锕系核素(Ewing et al.，1996；Carpena et al.，1998)。

纯的氟磷灰石 $Ca_5(PO_4)_3F$ 比氯磷灰石 $Ca_5(PO_4)_3Cl$，特别是羟基磷灰石 $Ca_5(PO_4)_3OH$ 化学稳定性更高。但它们都很容易在 HCl 和其他酸中溶解。

与独居石类似，部分结晶的氟磷灰石可从溶液中用沉淀法获得(第 4 章)。密实单相氟磷灰石陶瓷可在相对低温下烧结获得(1200～1300℃)。空气下 1250℃烧结合成 $Ca_9Nd(PO_4)_5SiO_4F_2$ 伴随形成 20%～40%独居石相 $NdPO_4$。

用熔融法可制备用作激光材料的氟磷灰石单晶，这表明通过熔融法制备氟磷灰石基固化体是可能的。已有报道可通过熔融法把 CaF_2、P_2O_5、$CaCO_3$、Nd_2O_3 和 SiO_2 的混合物在 1700℃下合成硅酸盐磷灰石，如 $Ca_9Nd(PO_4)_5SiO_4F_2$(Carpena et al.，1998)。

氯磷灰石陶瓷对固化包含 Pu-Am 的氯盐废物是有吸引力的。虽然没有获得密实的掺杂锕系核素的氯磷灰石陶瓷，已有报道在 Ar 气氛下低温(750℃)合成掺杂 Pu 和 Am 的氯磷灰石粉末样品(Metcalfe et al.，2003；2004)。

3.4　基于 Zr 和 Hf 矿物的陶瓷

3.4.1　锆石/氧化锆和铪石/氧化铪

锆石 $ZrSiO_4$ 是一种著名的耐火材料，硬度比石英高。铪石 $HfSiO_4$ 在晶体化学上与锆石类似。它们可形成连续的 $HfSiO_4$-$ZrSiO_4$ 固溶体。Zr 在核燃料包壳金属合金中有应用，而 Hf 是中子吸收剂。因此，使用铪石或锆石-铪石固溶体陶瓷固化 Pu 具有避免临界问题的优势。

非放锆石陶瓷主要是通过研磨从砂矿床中提取的锆石来制备的。用氧化物前驱体(ZrO_2+SiO_2或 HfO_2+SiO_2)合成锆石 $ZrSiO_4$或铪石 $HfSiO_4$是很困难的。这是因为氧化锆和氧化铪反应活性很低。因此，用氧化物前驱体合成掺杂锕系核素的锆石或铪石不大现实。因为这种方法几乎无法避免没有反应的锕系元素氧化物留存在合成的陶瓷基质中。

溶胶凝胶法或共沉淀前驱体法合成锕系核素掺杂锆石陶瓷更可行(第 4 章)。在锆石合成过程中，固化了的锕系核素掺杂胶体的化学稳定性也很高(Burakov et al.，2006)。天然锆石证明其在数百万年里拥有很高的地球化学稳定性(1.4.14 节)。含锕系元素的溶液胶化得到的固体 Zr-硅酸盐胶体可能是较稳定的液体锕系废物暂时储存的中间稳定态。

单相锕系陶瓷对工业上固化锕系核素没有吸引力，因为很难在前驱体中保持精确的 Zr 化学计量比。发展双相组分锆石和氧化锆的陶瓷更合理。前驱体中 Zr 稍微过量，有助于陶瓷合成，可使锕系核素全部溶进锆石和氧化锆主相中，避免单独的含锕系元素的相(氧化物和硅氧化物)析出。少量的(约 10%)单斜 ZrO_2添加剂会提高锆石陶瓷对热冲击的稳定性，提高其力学稳定性(Garvie et al.，1989)。

虽然已经合成掺杂 14% Pu 的单晶锆石(Hanchar et al.，2004)，还没有成功合成掺杂 10% Pu 的均匀单相锆石和铪石陶瓷(Burakov et al.，2001a)。这些陶瓷含有 PuO_2 包体(图 3.4.1)。掺杂量低(5%～6%)时在锆石和铪石陶瓷里没有出现氧化钚包体，把陶瓷组分由单相改为双相：锆石/氧化锆或铪石/氧化铪也没有出现氧化钚包体(图 3.4.2)。

溶胶凝胶前驱体中锆石是从 1300℃开始形成的(第 4 章)，最高锆石产量在 1500～1600℃下获得。与 1550～1600℃相比，1400～1600℃下烧结(大气压下)溶

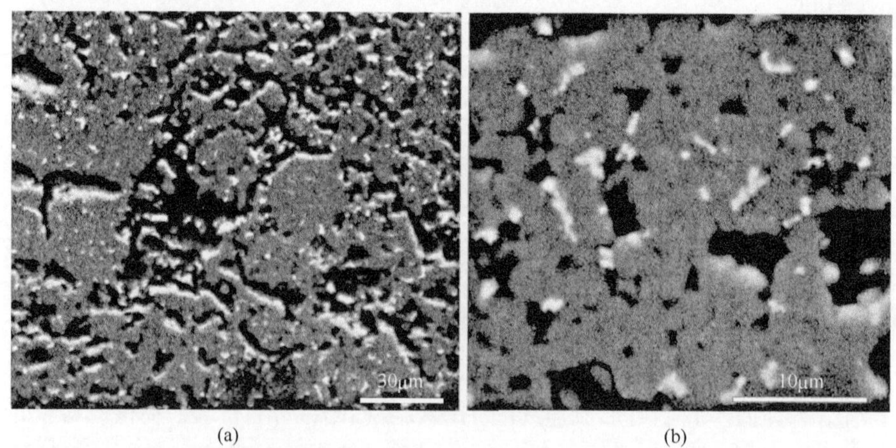

(a) (b)

图 3.4.1 俄罗斯 KRI 获得的掺杂 Pu 的锆石陶瓷(Zr, Pu)SiO_4的 SEM 背散射电子图像(Burakov et al.，2001a)。陶瓷合成不理想，产生了 PuO_2包体(白色相)；锆石(灰色相)只包容了大约 7% Pu；黑色区域是孔洞

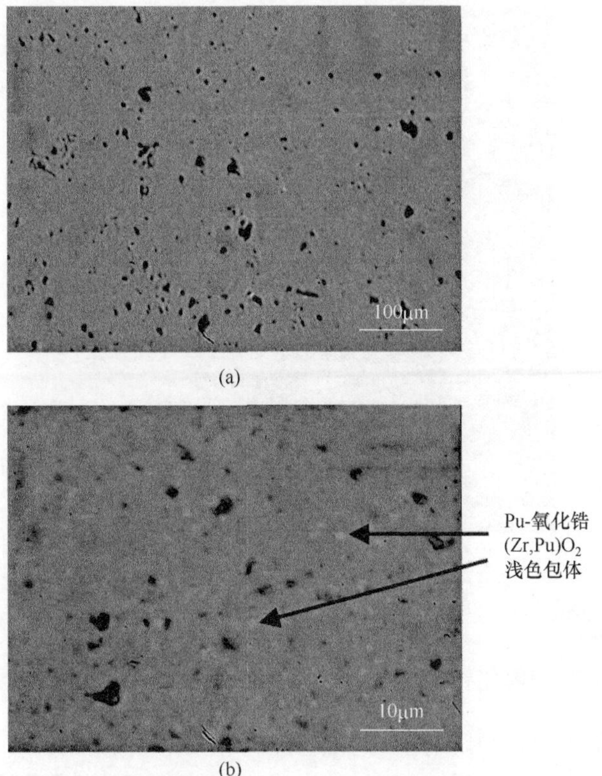

图 3.4.2　^{238}Pu 掺杂的锆石/氧化锆陶瓷反光照片。锆石中 ^{238}Pu 含量约 4.7%(Burakov et al., 2001b)。黑色区域是孔洞

胶凝胶前驱体合成 Ce 掺杂锆石中 Ce 在锆石结构中的包容量会下降。因此，锕系核素掺杂的锆石最佳合成温度低于 1500℃。

纯的锆石在 1670～1700℃下发生非一致熔融或分解(Pena and de Aza，1984；Kanno，1989)，形成熔融石英，里面还有晶态的单斜或四方氧化锆。溶入锆石晶格的不同添加物可能会降低锆石分解温度(Pena and de Aza，1984)。Ce、Gd 和可能的锕系核素掺杂的锆石的热解不会形成这些掺杂元素的单独相。熔融石英固化后体内没有掺杂元素，在降温过程中所有添加物溶进氧化锆晶格中(图 3.4.3)。熔融锆石结构与溶胶凝胶法合成过程中锆石形成前烧结的前驱体结构相似(图 4.1.5)。

掺杂 ^{238}Pu 的锆石/氧化锆陶瓷在自辐照下化学稳定性很高(Geisler et al., 2005；Burakov et al., 2008)。即使 ^{238}Pu 掺杂样品完全非晶，也没有出现可见的裂纹，同时浸出率仍然很低(第 5 章)。

此外，单晶锆石也是一种有潜力的稳定的自发光材料(第 2 章)。

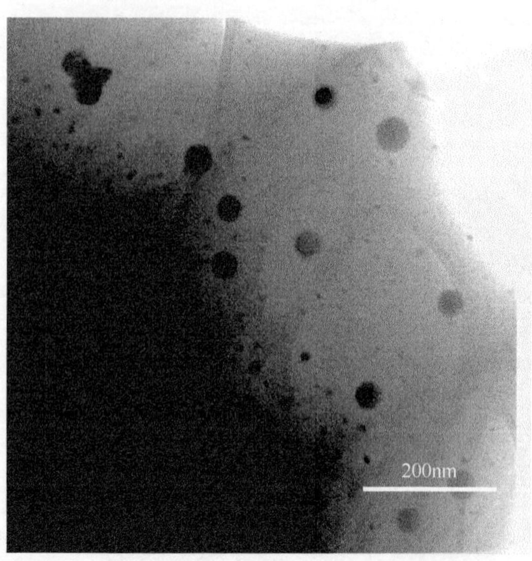

图 3.4.3　Gd 掺杂的锆石在空气条件下 1720℃发生不均匀熔融后的 TEM 图片。圆形包体是晶态的 Gd 掺杂的四方氧化锆(Zr, Gd)O_2。熔融基质是不含 Gd 的非晶氧化硅

3.4.2　立方氧化锆和氧化铪

钇、钙或稀土元素稳定增强的多晶立方氧化锆(等轴钙锆钛矿，tazheranite)是著名的结构和耐火陶瓷(熔点在 2700～2900℃)。立方氧化锆陶瓷具有高力学稳定性(硬度比石英大)，可用作球磨中研钵、研杵和球磨介质材料。立方氧化铪与立方氧化锆在晶体化学性能上相似，两者可形成连续的氧化铪-氧化锆固溶体。因 Hf 是一种中子吸收剂，氧化铪陶瓷(或基于氧化锆/氧化铪固溶体的陶瓷)固化 Pu 可避免临界问题。立方氧化锆的优势在于对三价、四价锕系核素固溶量大。掺杂 10%～40%(摩尔分数)^{237}Np 的氧化钇增强的立方氧化锆(Zr, Y, Np)O_2 被成功合成出来(Kinoshita et al.，1998)，表明用它来固化 Np 是可行的。随后，掺杂 10.3% ^{239}Pu(图 3.4.4)和 10% ^{238}Pu 的氧化钆稳定增强的立方氧化锆(Zr, Gd, Pu)O_2 也被成功合成出来(Burakov et al.，2001；Burakov et al.，2004a)。掺杂 20% ^{243}Am 的氧化钇稳定增强的(Zr, Y, Am)O_2 也被制备出来(Anderson and Burakov，2004)。其他被制备出的还有立方(萤石型)$(Y_{0.4}Zr_{0.6})O_{1.8}$-$(Y_{0.4}Am_{0.6})O_{1.8}$ 和$(Y_{0.4}Zr_{0.6})O_{1.8}$-AmO_2 固溶体(Raison et al.，2002)。

立方氧化锆对自辐照有很高的耐辐照性(第 5 章)。它的难熔特点使它适合用在先进 Pu 燃料上及嬗变领域中(第 2 章)。氧化锆-氧化铪陶瓷可用多种方式获得，包括热压烧结、冷压压制后在空气下烧结、自蔓延高温反应合成等(第 4 章)。ZrO_2 陶瓷要达到高密度，烧结温度需高于 1500℃。

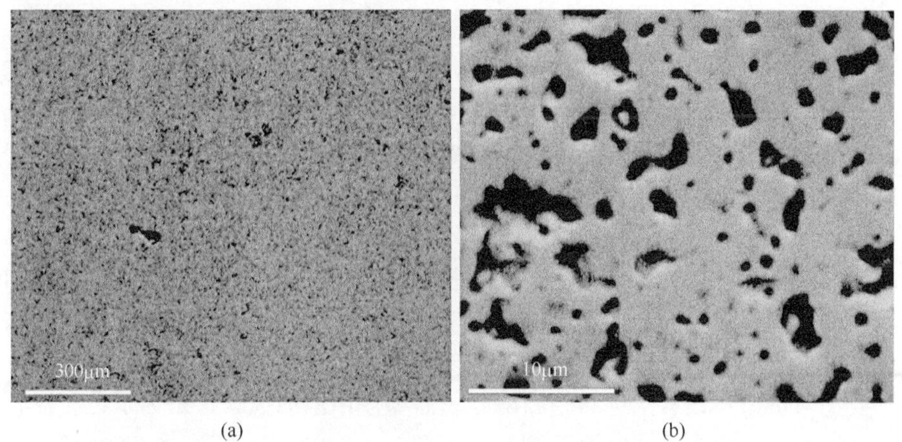

(a)　(b)

图3.4.4　俄罗斯KRI在空气条件下1500℃烧结出的Pu掺杂的氧化钆稳定增强的立方氧化锆(Zr, Gd, Pu)O_2陶瓷的 SEM 背散射电子图像(Burakov and Anderson，2002)。^{239}Pu 含量为 10.3%，Gd 为 20.9%。黑色区域是孔洞

冷坩埚熔融(CCM)法可获得单晶的立方氧化锆(第 4 章)，它是著名的人造宝石。这种方法可用来生产稳定的荧光和自发光的材料(第 2 章)。

3.5　石榴石/钙钛矿石

某些种类的人造单晶石榴石，如钇铝石榴子石 $Y_3Al_5O_{12}$(yttrium-aluminium garnet，YAG)和钆镓石榴石型 $Gd_2Ga_5O_{12}$(gadolinium-gallium garnet，GGG)是著名的人造宝石。它的硬度比石英大，也不会出现裂纹。然而，这些材料最初用在微电子工业上和激光材料中(如 Nd 掺杂的 YAG)。同时，单晶铝酸盐石榴石可能是稳定的荧光和自发光的材料(第 2 章)。石榴石结构 $A_3B_2(XO_4)_3$ 的三种阳离子位置 A、B 和 X 对许多不同的化学元素有很高的包容量，它们可以包容的元素如下：

A=Na^{+}、Ca^{2+}、Sr^{2+}、Ba^{2+}、Cd^{2+}、Fe^{2+}、Mg^{2+}、Y^{3+}、Ln^{3+}、Zr^{4+}、Hf^{4+}。

B=Fe^{2+}、Mn^{2+}、Mg^{2+}、Al^{3+}、Ga^{3+}、Y^{3+}、Sc^{3+}、Fe^{3+}、Cr^{3+}、Ln^{3+}、Si^{4+}、Ge^{4+}、Sn^{4+}、Zr^{4+}、Hf^{4+}。

X=Al^{3+}、Fe^{3+}、Ga^{3+}、Si^{4+}、Ge^{4+}、Ti^{4+}、Sn^{4+}。

同一元素可占据不同晶格位置，还不会影响石榴石晶体结构的稳定性。用熔融法在温度高达 1950℃(未掺杂 YAG 的熔点)时制备的单晶石榴石晶体质量很高。锕系掺杂导致的组分变化可能会降低它的熔点。900℃下固相反应法可制得多晶 YAG(Bondar et al.，1984)。水热法(glycothermal method)在 300℃下成功合成出稀

土 Ga 掺杂的球状颗粒石榴石(尺寸为 100nm～2μm)(Inoue et al.，1998)。

虽然石榴石结构可以包容许多多价元素，但合成单相石榴石基陶瓷固化体并不是轻而易举的。例如，在利用熔融烧结 Ce 掺杂前驱体来合成(Y, Gd, Ce)$_3$(Al, Ga)$_5$O$_{12}$的方法中，尽管前驱体是按 100%石榴石化学计量比计算的，但总是伴随形成钙钛矿相晶体(Y, Gd, Ce)AlO$_3$(图 3.5.1(a))。同时，用熔融法合成 Pu 掺杂的钙钛矿陶瓷(Gd, Ce, Ca)(Al, Ga, Pu, Sn)O$_3$时，虽然前驱体化学组分严格按照 100%化学配比，它还是会形成双相的钙钛矿/石榴石陶瓷(图 3.5.1(b))。分别通过烧结和熔融法来尝试制备单相的石榴石结构(Ca, Gd, Pu)Zr$_2$Fe$_3$O$_{12}$和 Na$_2$(Gd, Ce, Zr, Pu)(Ga, Al)$_5$O$_{12}$，而事实是只能获得双相的结构(图 3.5.2 和图 3.5.3)。

要把 4 价锕系核素溶进石榴石陶瓷里需要使用添加剂，这是为了在石榴石结构中补偿电荷。U 掺杂的钆镓石榴石(gadolinium-gallium garnet，GGG)中的 Sn 可将石榴石结构中的 U 包容量从 0.05%提高到 3%～4%(Burakov et al.，1999)。

对于化学组分复杂的含有锕系元素的废物，如果里面含有非放射性物质，如 Al、Ga、Zr、Fe 等，同时锕系元素含量不高(小于 1%)，那么石榴石基陶瓷固化是有利的。有时这些废物(呈烂泥状)不均匀，但石榴石组分的多变性使它比较容易固化这些废物。为避免陶瓷合成过程中出现单独的含有锕系元素的相，在石榴石结构的陶瓷组分中需要使用超量的在特定废物中有的主要非放射性元素。例如，用铝盐富集的废物可以转化为铝酸盐石榴石和钙钛矿相陶瓷。按石榴石化学计量比的前驱体配比发生变化，都会相应形成钙钛矿相来弥补。废物烂泥中的氢氧化

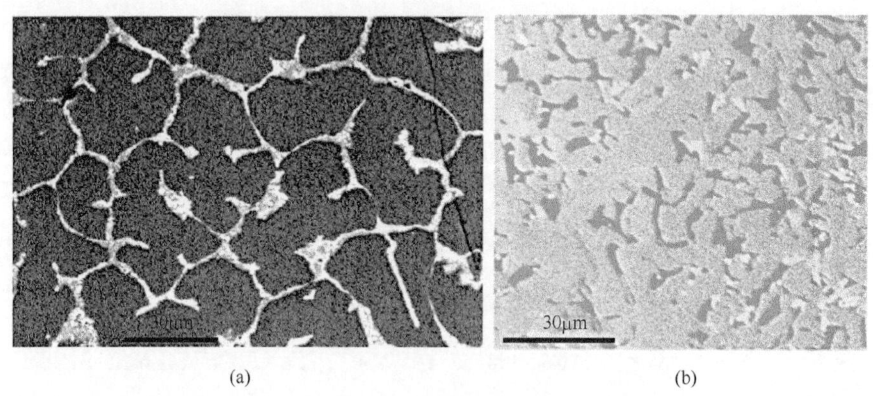

图 3.5.1 空气条件下熔融法获得的铝酸盐石榴石/钙钛矿陶瓷的 SEM 背散射电子图像。(a)具有石榴石化学配比的 Ce 掺杂的前驱体(Burakov and Strykanova，1998)；(b)具有钙钛矿化学配比的 Pu 掺杂的前驱体(Burakov et al.，2000)。Ce 掺杂的石榴石(Y, Gd, Ce)$_3$(Al, Ga)$_5$O$_{12}$(图(a)中黑色基质)含有 0.1%～2.0% Ce，但钙钛矿相(Y, Gd, Ce)AlO$_3$(浅色相)含有 11%～26% Ce。Pu 掺杂的石榴石(Gd, Ce, Ca, Sn, Pu)$_3$(Al, Ga)O$_{12}$(图(b)中黑色相)含有 5.3% Pu，但钙钛矿相(Gd, Ce, Ga)(Al, Ga, Pu, Sn)O$_3$(浅色相)含有 6.5% Pu

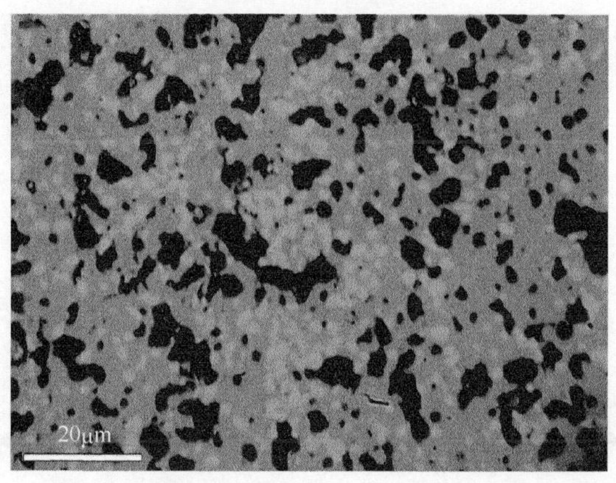

图 3.5.2 掺杂 4%～7% Pu 的石榴石基陶瓷(Ca, Gd, Pu)$Zr_2Fe_3O_{12}$的反射光学显微镜图像。浅灰色包体是萤石结构的立方(Pu, Gd, Zr)O_2，Pu 含量达 22%～24%。黑色区域是孔洞。样品由俄罗斯 KRI 在空气条件下 1300℃烧结出，采用俄罗斯矿藏地质研究所(Institute of Geology of Ore Deposits，IGEM)S. V. Yudintsev 博士的方法

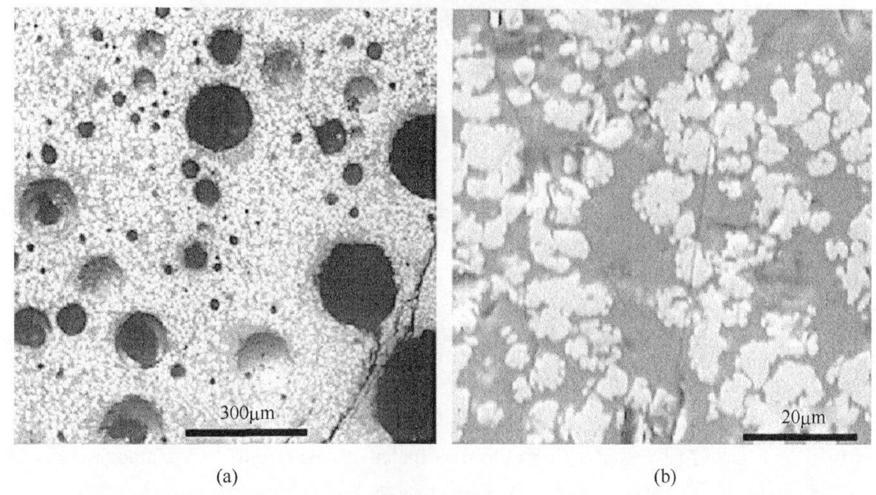

图 3.5.3 熔融法获得的 Pu 掺杂的石榴石基陶瓷 Na_2(Gd, Ce, Zr, Pu)(Ga, Al)$_5O_{12}$(灰色基质)和氧化锆(Zr, Gd, Pu)O_2(浅色包体)的 SEM 背散射电子图像(Burakov and Anderson，2002)。石榴石相包含 0.7% ^{239}Pu 和 6.6% Na。氧化锆中 Pu 含量为 16.4%。黑色区域是孔洞

铁和氧化锆沉淀会转化为石榴石高铁酸盐陶瓷，里面含有少量氧化锆。它们可以包容没有进入石榴石晶体结构中的任何锕系核素。

石榴石陶瓷可以用烧结、熔融法、自蔓延高温反应等方法合成(第 4 章)。CCM 法是获得大尺寸(10cm)石榴石陶瓷样品有潜力的方法(图 3.5.4 和图 3.5.5)。

图 3.5.4　在冷坩埚中空气条件下 2000℃用熔融法合成的大型圆筒状(2.5kg)多晶 $Y_3Al_5O_{12}$(YAG)。图片由俄罗斯圣彼得堡艾尔菲物理技术学院(Ioffe Physico-Technical Institute)的 M. V. Zamoryanskaya 和 B. T. Melekh 提供

图 3.5.5　在冷坩埚中空气条件下 2000℃用熔融法合成的未掺杂 $Y_3Al_5O_{12}$(YAG)块体。图片由俄罗斯圣彼得堡艾尔菲物理技术学院(Ioffe Physico-Technical Institute)的 M.V. Zamoryanskaya 和 B. T. Melekh 提供

3.6　小　　结

本章总结了世界上开展的大量陶瓷固化研究工作。这些工作表明：

(1) 只有两类陶瓷 Synroc 和 Ti 基烧绿石开展了充分的中试研究，接近在核工业中应用的水平。然而，目前还没有任何锕系核素陶瓷固化体的应用。

(2) 陶瓷固化相的选择与含锕系元素的废物化学组分相关。有些陶瓷面对化学组分复杂的废物时无能为力(表 3.6.1)。要包容大多数情况下都很复杂的废物，只能采用多相组分的陶瓷(如 Synroc、石榴石/钙钛矿相、石榴石/氧化锆)。

表 3.6.1　锕系元素固化陶瓷主要特征一览

陶瓷	化学式	力学稳定性	在不同媒介中的化学阻力	复杂化学复合材料对含锕系元素废料的固化	燃料及嬗变靶基质
人造岩	$CaZrTi_2O_7$, $BaAl_2Ti_6O_{16}$, $CaTiO_3$, TiO_x	中等	高	是	否
钙钛锆石	$CaZrTi_2O_7$	中等	高	否	否
Ti-烧绿石	$Gd_2Ti_2O_7$	中等	中等	是	否
Zr-烧绿石	$Gd_2Zr_2O_7$	中等	中等	否	不清楚
锆石/氧化锆和铪石/氧化铪	$(Zr, Hf)SiO_4$/ $(Zr, Hf)O_2$	高	高	否	否
立方氧化锆和氧化铪	$(Zr, Hf, \cdots)O_2$	高	高	否	是
独居石	$(Ce, La, Gd, Eu, \cdots)PO_4$	低	高	否	否
磷钇矿	YPO_4	低	中等	否	否
TPD	$Th_4(PO_4)_4P_2O_7$	低	高	否	否
磷锆钾矿和 NZP	$(K, Na)Zr_2(PO_4)_3$	低	中等	是	否
Al-石榴石	$(Y, Gd, \cdots)_3Al_5O_{12}$	高	高	是	不清楚
Al-钙钛矿	$(Y, Gd, \cdots)AlO_3$	中等	中等	是	否
Fe-石榴石	$(Y, Gd, \cdots)_3Fe_5O_{12}$ $(Ca, Gd, \cdots)_4(Mn, Zr, \cdots)_2$	中等	中等	是	否
莫拉矿	$(TiAl, Fe)_7O_{22}$	中等	中等	是	否
F-磷灰石	$Ca_5(PO_4)_3F$	低	中等	不清楚	否
Cl-磷灰石	$Ca_5(PO_4)_3Cl$ $Ca_{4-x}REE_{6+x}$	低	中等	是	否
Si-磷灰石	$(SiO_4)_{6-y}(PO_4)_y(F, O)_2$	中等	中等	不清楚	否

(3) 只有立方氧化锆是锕系核素固化、惰性基质燃料和用于锕系元素嬗变的通用材料。

(4) 只有少数陶瓷，如锆石/氧化锆、铪石/氧化铪、立方氧化锆、氧化铪和铝酸盐石榴石具有比较高的力学稳定性(与石英比有更高的硬度)。

参 考 文 献

Abraham M M, Boatner L A. 1982. Electron-paramagnetic-resonance investigations of $^{243}Cm^{3+}$ in $LuPO_4$ single crystals[J]. Physical Review B, 26: 1434-1437.

Advocat T, Jorion F, Marcillat T, et al. 2004. Fabrication of $^{239/238}$Pu-zirconolite ceramic pellets by natural sintering[J]. Materials Research Society Symposium Proceedings, 807: 267-272.

Anderson E B, Burakov B E. 2004. Ceramics for the immobilization of plutonium and americium: Current progress of R&D of the V. G. Khlopin Radium Institute[J]. Materials Research Society Symposium Proceedings, 807: 207-212.

Anderson E B, Burakov B E, Vasiliev V G. 1993. A creation of crystalline matrix for actinide waste in Khlopin Radium Institute[C]//Proceedings of International Conference SAFE WASTE'93, Avignon.

Boatner L A. 1978. Division of Material Sciences on 28 April detailing possible uses of monazite as an alternative to borosilicate glass[s. n.]. Letter to the US Department of Energy, Office of Basic Energy Sciences.

Boatner L A, Sales B C. 1988. Monazite//Lutze W, Ewing R C. Radioactive Waste Forms for the Future[M]. Amsterdam: North-Holland Physics Publishing, 495-564.

Boatner L A, Beall G W, Abraham M M, et al. 1980. Monazite and other lanthanide orthophosphates as alternative actinide waste forms[C]//Northrup C J M Jr. Scientific Basis for Nuclear Waste Management[M]. New York: Plenum Press, 2: 289-296.

Bondar I A, Koroleva L N, Bezruk E T. 1984. Physico-chemical properties of yttrium aluminates and gallates[J]. Journal of Inorganic Materials, 20(2): 257-261.

Burakov B. 1993. A study of high-uranium technogeneous zircon (Zr, U)SiO_4 from Chernobyl "lavas" in connection with the problem of creating a crystalline matrix for high-level waste disposal[C]// Proceedings of the International Conference SAFEWAS'013, Avignon.

Burakov B E, Strykanova E E. 1998. Garnet solid solution of $Y_3A1_5O_{12}Gd_3Ga_5O_{12}$-$Y_3Ga_5O_{12}$ (YAG-GGG-YGG) as a prospective crystalline hostphase for Pu immobilization in the presence of Ga[C]//Proceedings of International Symposium Waste Management' 98, Tucson.

Burakov B E, Anderson E B. 2000. Summary of Pu ceramics developed for Pu immobilization (B338247, B501118)[C]//Jardine L J, Borisov G B, Excess Weapons Plutonium Immobilization in Russia. Proceedings of the 3rd Annual Meeting for Coordination and Review of Work, St. Petersburg, Russia.

Burakov B E, Anderson E B. 2002. Summary of Pu ceramics developed for Pu immobilization (B506216, B512161)[C]//Jardine L J, Borisov G B, Review of Excess Weapons Disposition: LLNL Contract Work in Russia. Proceedings of the 3rd Annual Meeting for Coordination and Review of LLNL Work, St. Petersburg, Russia.

Burakov B E, Britvin S N, Miheeva E E, et al. 1991. Investigation of artificial zircon from Chernobyl "lava"[J]. Notes of All-Union Mineralogical Society, 6: 39-44.

Burakov B E, Anderson E B, Knecht D A, et al. 1999. Synthesis of garnet/perovskite-based ceramic for the immobilization of Pu-residue wastes[J]. Materials Research Society Symposium Proceedings, 556: 55-62.

Burakov B E, Anderson E B, Zamoryanskaya M V, et al. 2000. Synthesis and study of ^{239}Pu-doped gadolinium-aluminum garnet[J]. Materials Research Society Symposium Proceedings, 608: 419-422.

Burakov B E, Anderson E B, Zamoryanskaya M V, et al. 2001a. Synthesis and study of ^{239}Pu-doped ceramics based on zircon, (Zr, Pu)SiO_4, and hafnon, (Hf, Pu)SiO_4[J]. Materials Research Society

Symposium Proceedings, 663: 307-313.

Burakov B E, Anderson E B, Zamoryanskaya M V, et al. 2001b. Investigation of zircon/zirconia ceramics doped with ^{239}Pu and ^{238}Pu[C]//Proceedings of International Conference GLOBAL' 05, Paris.

Burakov B E, Yagovkina M A, Zamoryanskaya M V, et al. 2004a. Behavior of ^{238}Pu-doped cubic zirconia under self-irradiation[J]. Materials Research Society Symposium Proceedings, 807: 213-217.

Burakov B E, Yagovkina M A, Garbuzov V M, et al. 2004b. Self-irradiation of monazite ceramics: Contrasting behavior of $PuPO_4$ and (La, Pu)PO_4 doped with Pu-238[J]. Materials Research Society Symposium Proceedings, 824: 219-224.

Burakov B E, Smetannikov A P, Anderson E B. 2006. Investigation of natural and artificial Zr-silicate gels[J]. Materials Research Society Symposium Proceedings, 932: 1017-1024.

Burakov B E, Garbuzov V M, Kitsay A A, et al. 2007. The use of cathodoluminescence for the development of durable self-glowing crystals based on solid solutions YPO_4-$EuPO_4$[J]. Semiconductors, 41(4): 427-430.

Burakov B E, Yagovkina M A, Zamoryanskaya M V, et al. 2008. Self-irradiation of ceramics and single crystals doped with Pu-238: Summary of 5 years of research of the V. G. Khlopin Radium Institute[J]. Materials Research Society Symposium Proceedings, 1107: 381-388.

Burakov B E, Domracheva Y V, Zamoryanskaya M V, et al. 2009. Development and synthesis of durable self-glowing crystals doped with plutonium[J]. Journal of Nuclear Materials, 385: 134-136.

Burghartz M, Matzke H, Leger C, et al. 1998. Inert matrices for the transmutation of actinides: Fabrication, thermal properties and radiation stability of ceramic materials[J]. Journal of Alloys and Compounds, 271(3): 544-548.

Carpena J, Audubert F, Bernache D, et al. 1998. Apatitic waste forms: Process overview[J]. Materials Research Society Symposium Proceedings, 506: 543-549.

Carroll D. 1963. The system PuO_2-ZrO_2[J]. Journal of the American Ceramic Society, 46: 194-195.

Clinard F W, Hobbs L W, Lands C C, et al. 1982. Alpha decay self-irradiation damage in ^{238}Pu-substituted zirconolite[J]. Journal of Nuclear Materials, 105: 248-256.

Caurant D, Loiseau P, Majérus O, et al. 2009. Glass-Ceramics and Ceramics for Immobilization of Highly Radioactive Nuclear Wastes[M]. New York: Nova.

Dacheux N, Podor R, Chassigneux B, et al. 1998a. Actinides immobilization in new matrices based on solid solutions: $Th_{4-x}M_x(PO_4)_4P_2O_7$, ($M^{IV}$=^{238}U, ^{239}Pu)[J]. Journal of Alloys and Compounds, 271(3): 236-239.

Dacheux N, Podor R, Brandel V, et al. 1998b. Investigations of systems ThO_2-MO_2-$P2O_5$(M=U, Ce, Zr, Pu). Solid solutions of thorium-uranium (IV) and thorium-plutonium (IV) phosphate-diphosphates[J]. Journal of Nuclear Materials, 252: 179-186.

Dacheux N, Thomas A C, Brandel V, et al. 1998c. Investigations of the system ThO_2-NpO_2-P_2O_5. Solid solutions of thorium-neptunium (IV) phosphate-diphosphate[J]. Journal of Nuclear Materials, 257: 108-117.

Dacheux N, Thomas A C, Chassigneux B, et al. 1999. Study of $Th_4(PO_4)P_2O_7$ and solid solutions with

U(IV), Np(IV) and Pu(IV): Synthesis, characterization, sintering and leaching tests[J]. Materials Research Society Symposium Proceedings, 556: 85-92.

Degueldre C, Kasemeyer U, Botta F, et al. 1996. Plutonium incineration in LWR's by a once-through cycle with a rock-like fuel[J]. Materials Research Society Symposium Proceedings, 412: 15-23.

Degueldre C, Heimgartner P, Ledergerber G, et al. 1997. Behaviour of zirconia based fuel material under Xe irradiation[J]. Materials Research Society Symposium Proceedings, 439: 625-632.

Donald L W, Metcalfe B L, Taylor R N J. 1997. Review: The immobilization of high level radioactive wastes using ceramics and glasses[J]. Journal of Materials Science, 32: 5851-5887.

Ebbinghaus B, van Konynenburg R A, Ryerson F J, et al. 1998. Ceramic formulation for the immobilization of plutonium[C]//Proceedings of International Symposium in Waste Management'98, Tucson.

Ewing R C. 1999. Nuclear waste forms for actinides[J]. Proceedings of the national academy of sciences of the United States of America, 96: 3432-3439.

Ewing R C, Lutze W, Weber W J. 1995. Zircon: A host-phase for the disposal of weapons plutonium[J]. Journal of Materials Research, 10: 243-246.

Ewing R C, Weber W J, Lutze W. 1996. Crystalline ceramics: Waste forms for the disposal of weapons plutonium[M]//Merz E R, Walter C E. Disposal of Weapon Plutonium. NATO ASI Series. Dordrecht: Kluwer Academic Publisher: 65-83.

Exharos G J. 1984. Induced swelling in radiation damaged $ZrSiO_4$[J]. Nuclear Instruments and Methods in Physics Research Section B: 538-541.

Farnan I, Cho H, Weber W. 2007. Quantification of actinide α-radiation damage in minerals and ceramics[J]. Nature, 445: 190-193.

Furuya H, Muraoka S, Muromura T. 1996. Feasibility of rock-like fuel and glass waste form for disposal of weapons plutonium[M]//Merz E R, Walter C E. Disposal of Weapon Plutonium. NATO ASI Series. Dordrecht: Kluwer Academic Publisher: 107-121.

Garvie R C, Drennan J, Goss M F, et al. 1989. Design and application of a zircon advanced refractory ceramic[M]//Somuya S. Zircon-Science and Engineering. Tokyo: Uchida Rokakuho Publishing Co. ltd. : 299-313.

Geisler T, Burakov B, Yagovkina M, et al. 2005. Structural recovery of self-irradiated natural and ^{238}Pu-doped zircon in an acidic solution at 175℃[J]. Journal of Nuclear Materials, 336: 22-30.

Gibb F G F, Burakov B E, Taylor K J, et al. 2008a. Stability of cubic zirconia in a granitic system under high pressure and temperature[J]. Materials Research Society Symposium Proceedings, 1107: 59-66.

Gibb F G F, Taylor K J, Burakov B E. 2008b. The "granite encapsulation" route to the safe disposal of Pu and other actinides[J]. Journal of Nuclear Materials, 374: 364-369.

Hambley M J, Dumbill S, Maddrell E R, et al. 2008. Characterisation of 20 year old ^{238}Pu-doped synroc C[J]. Materials Research Society Symposium Proceedings, 1107: 373-380.

Hanchar J M, Burakov B E, Anderson E B, et al. 2003. Investigation of single crystal zircon, (Zr, Pu)SiO_4, doped with ^{238}Pu[J]. Materials Research Society Symposium Proceedings, 757: 215-225.

Hanchar J M, Burakov B, Zamoryanskaya M V, et al. 2004. Investigation of Pu incorporated into zircon single crystal[J]. Materials Research Society Symposium Proceedings, 824: 225-236.

Hart K P, Zhang Y, Loi E, et al. 2000. Scientific basis for nuclear waste management XXIII[J] Materials Research Society Symposium Proceedings, 608: 353-358.

Hatch L P. 1953. Ultimate disposal of radioactive wastes[J]. American Scientist, 41: 410-421.

Hyatt N C. 2009. Private communication[s. n.].

Heimann R B, Vandergraaf T T. 1988. Cubic zirconia as a candidate waste form for actinides: Dissolution studies[J]. Journal of Materials Science Letters, 7: 583-586.

IAEA. 1985. Chemical durability and related properties of solidified HLW Forms[R]. Vienna: International Atomic Energy Agency.

Inoue M, Nishikawa T, Otsu H, et al. 1998. Synthesis of rare-earth gallium garnets by glycothermal method[J]. Journal of the American Ceramic Society, 81: 1173-1183.

Kanno Y. 1989. Thermodynamic and crystallographic discussion of the formation and dissociation of zircon[J]. Journal of Materials Science, 24: 2415-2420.

Kinoshita H, Kuramoto K I, Uno M, et al. 1998. Phase stability and mechanical property of yttria-stabilized zirconia form for partitioned TRU wastes[C]//Proceedings of the 2nd NUCEF International Symposium NUCEF'98, Hitachinaka, Ibaraki.

Kinoshita H, Kuramoto K, Uno M, et al. 2000. Chemical durability of yttria-stabilized zirconia for highly concentrated TRU wastes[J]. Materials Research Society Symposium Proceedings, 608: 393-398.

Kinoshita H, Kuramoto K, Uno M, et al. 2006. Mechanical integrity of yttria-stabilized zirconia doped with Np oxide[J]. Materials Research Society Symposium Proceedings, 932: 647-654.

Kulyako Y M, Perevalov S A, Vinokurov S E, et al. 2001. Properties of host matrices with incorporated U and Pu oxides, prepared by melting of a zircon-containing heterogeneous mixture (by virtue of exo effect of burning metallic fuel)[J]. Radiochemistry, 43: 626-631.

Kuramoto K I, Makino Y, Yanagi T, et al. 1995. Development of zirconia- and alumina-based ceramic waste forms for high concentrated TRU elements[C]//Proceedings of International Conference GLOBAL'95, Versailles.

Laverov N P, Sobolev L A, Stefanovsky S V, et al. 1998. Synthetic murataite—A new mineral host phase for immobilisation of actinides[J]. Reports of Russian Academy of Sciences, 362(5): 670-672.

Laverov N P, Velichkin V I, Omelyanenko B I, et al. 2008. Isolation of Spent Nuclear Materials: Geological and Geochemical Aspects IGEM[R]. The Russian Academy of Science: Institute of Geophysics(in Russian).

Lukinykh A N, Tomilin S V, Lizin A A, et al. 2002. Investigation of radiation and chemical stability of titanate ceramics intended for actinides disposal (B501111)[M]//Jardine L J, Borisov G B. Review of Excess Wespons Disposition: LLNL Contract Work in Russia. Proceedings of 3rd Annual Meet. for Coordination and Review of LLNL Work, St. Petersburg, Russia, UCRL-1D-149341: 273-283.

Lukinykh A N, Tomilin C V, Lizin A A, et al. 2008. Radiation and chemical durability of artificial ceramic based on ferrite garnet[J]. Radiokhimia, 50(4): 375-379.

Lutze W, Ewing R C. 1988. Radioactive Waste Forms for the Future[M]. Amsterdam: North-Holland

Physics Publishing.

McCarthy G J. 1979. High level waste ceramics, materials considerations, process simulation and product characterization [J]. Nuclear Technology, 32: 92.

McCarthy G J, White W B, Pfoertsch D E. 1978. Synthesis of nuclear waste monazites, ideal actinide hosts for geological disposal[J]. Materials Research Bulletin, 13: 1239-1245.

McKown H S, Smith D H, Eby R E, et al. 1982. Differential lead retention in zircons: Implications for nuclear waste containment[J]. Science, 216: 296-298.

Metcalfe B L, Donald I W, Scheele R D, et al. 2003. Preparation and characterization of a phosphate ceramic for the immobilization of chloride-containing intermediate level waste[J]. Materials Research Society Symposium Proceedings, 757: 265-271.

Metcalfe B L, Donald I W, Scheele R D, et al. 2004. The immobilization of chloride-containing actinide waste in a calcium phosphate ceramic host: Ageing studies[J]. Materials Research Society Symposium Proceedings, 824: 255-260.

Morgan P E D, Ryerson F G. 1982. A new "cubic" crystal compound[J]. Journal of Materials Science Letters, 1: 351-352.

National Academy of Sciences (Panofsy W K H, Study Chair. 1994. Management and Disposition of Excess Weapons Plutonium[C]//Committee of International Security and Arms Control, Washington D. C.: National Academy Press.

O'Holleran T P, Johnson S G, Frank S M, et al. 1997. Glass-ceramic waste forms for immobilizing plutonium[J]. Materials Research Society Symposium Proceedings, 465: 1251-1258.

Ojovan M I, Lee W E. 2007. New Developments in Glassy Nuclear Wasteforms[M]. New York: Nova Science Publishers.

Ojovan M I, Petrov G A, Stefanovsky S V, et al. 1999. Processing of large scale radwaste-containing blocks using exothermic metallic mixtures[J]. Materials Research Society Symposium Proceedings, 556: 239-245.

Ojovan M I, Karlina O K, Klimov V L, et al. 2001. Self-sustaining reactions for the processing technologiegs of chemically stable matrices incorporating carbon and zirconium wastes[C]// Proceedins of the 8th Conference of Radiation waste Management Environment Remed, Bruges.

Pena P, de Aza S. 1984. The zircon thermal behaviour: Effect of impurities. Part 1[J]. Journal of Materials Science, 19: 135-142.

Poirot L, Kot W, Shalimoff G, et al. 1988. Optical and EPR investigations of Np^{4+} in single crystals of $ZrSiO_4$[J]. Physical Review B, 37: 3255-3264.

Poirot I, Kot W K, Edelstein N M, et al. 1989. Optical study and analysis of Pu^{4+} in single crystals of $ZrSiO_4$[J]. Physical Review B, 39(10): 6388-6394.

Raison P E, Haire R G, Sato T, et al. 1999. Fundamental and technological aspects of actinide oxide pyrochlores: Relevance for immobilization matrices[J]. Materials Research Society Symposium Proceedings, 556: 3-10.

Raison P E, Haire R G, Assefa Z. 2002. Fundamental aspects of Am and Cm in zirconia-based materials: Investigations using X-ray diffraction and Raman spectroscopy[J]. Journal of Nuclear Science and Techniques, 3: 725-728.

Richman I, Kisliuk P, Wong E Y. 1967. Absorption spectrum of U^{4+} in zircon ($ZrSiO_4$)[J]. Physical Review, 155(2): 262-267.

Ringwood A E. 1978. Safe Disposal of High-Level Nuclear Reactor Wastes: A New Strategy[M]. Canberra: Australian National University Press.

Ringwood A E, Kesson S E, Reeve K D, et al. 1988. Synroc //Lutze W, Ewing R C. Radioactive Waste Forms for the Future[M]. the Netherlands: North-Holland Physics Publishing: 233-334.

Roy R. 1975. Ceramic science of nuclear waste fixation[J]. American Ceramic Society Bulletin, 54: 459.

Seida Y, Yuki M, Suzuki K, et al. 2003. Sodium zirconium phosphate [NZP] as a host matrix for high level radioactive waste[J]. Materials Research Society Symposium Proceedings, 757: 329-334.

Sikora R E, Raison P E, Haire R G. 2005. Self-irradiation induced structural changes in the transplutonium pyrochlores $An_2Zr_2O_7$(An=Am, Cf)[J]. Journal of Solid State Chemistry, 178: 578-583.

Sobolev I A, Stifanovsky S V, Youdintsev S V, et al. 1997. Study of melted Synroc doped with simulated high level waste[J]. Materials Research Society Symposium Proceedings, 465: 363-370.

Sobolev I A, Ojovan M I, Petrov G A, et al. 1998. Self-sustaining synthesis of Synroc: Thermodynamic analysis[C]//Proceedings of Conference for Incineration and Thermal Treatment Technologies, Salt Lake City.

Stefanovsky S V, Yudintsev S V, Nikonov B S, et al. 1999. Murataite-based ceramics for actinide waste immobilization[J]. Materials Research Society Symposium Proceedings, 556: 121-128.

Stefanovsky S V, Kiryanova O I, Yudintsev S V, et al. 2001. Phase composition and chemical elements distribution in murataite-based ceramics containing rare-earths and actinides[J]. Physics and Chemistry of Material Treatment, 3: 72-80.

Stefanovsky S V, Yudintsev S V, Gieré R, et al. 2004. Nuclear waste forms[M]//Gieré R, Stille P, Soc G. Energy, Waste, and the Environment: A Geochemical Perspective, London: Special Publ, 236: 37-63.

Strachan D M. 2001. Glass dissolution: Testing and modeling for long-term behavior[J]. Journal of Materials, 298: 69-77.

Strachan D M, Scheele R D, Buchmiller W C, et al. 2000. Preparation of ^{238}Pu-ceramics for radiation damage experiments[R]. Richland: PNNL.

Strachan D M, Scheele R D, Kozelisky A E, et al. 2002. Radiation damage in titanate ceramics for plutonium immobilization[J]. Scientific Basis for Nuclear Waste Management, Materials Research Society Symposium Proceedings, 713: 461-468.

Strachan D M, Scheele R D, Icenhower J P, et al. 2004. Radiation damage effects in candidate ceramics for plutonium immobilization: Final Report[R]. Richland: PNNL.

Strachan D M, Scheele R D, Buck E C, et al. 2005. Radiation damage effects in candidate titanates for Pu disposition: Pyrochlore[J]. Journal of Nuclear Materials, 345(2-3): 109-135.

Strachan D M, Scheele R D, Buck E C, et al. 2008. Radiation damage effects in candidate titanates for Pu disposition: Zirconoilite[J]. Journal of Nuclear Materials, 372: 16-31.

Timofeeva L F, Nadykto B A, Orlov V K, et al. 2002. Preparation and study of the critical-mass-free plutonium ceramics with neutron poisons Hf, Gd and Li[J]. Journal of Nuclear Science and Technology, 3: 729-732.

Volkov Y F, Lukinykh A N, Tomilin S V, et al. 2001. Investigation of U. S. titanate ceramics radiation damage due to ^{238}Pu alpha-decay[B50111][R]. St. Peterburg: UCRL Proceedings of Meeting for Coordination and Review of Work.

Volkov Y F, Tomilin S V, Orlova A I, et al. 2003. Phosphates of actinides $AM_2(PO_4)_3(M^{IV} = U, Np, Pu; A^{I} = Na, K, Rb)$ with rhombohedral structure[J]. Radiokhimia, 45: 289-297.

Wang S X, Begg B D, Wang L M, et al. 1999. Radiation stability of gadolinium zirconate: A waste form for plutonium disposition[J]. Journal of Nuclear Materials, 14: 4470-4473.

Weber W J. 1982. Radiation damage in rare-earth silicate with the apatite structure[J]. Journal of American Ceramic Society, 65: 544-548.

Weber W J. 1983. Radiation-induced swelling and amorphization $Ca_2Nd_8(SiO_4)_6O_2$[J]. Radiation Effects, 77: 295-308.

Weber W J, Thrcotte R P, Bunnell L R, et al. 1979. Radiation effects in vitreous and devitrified simulated waste glass[J]//Chikalla T D, Mendel J E. Ceramics in Nuclear Waste Management. CONF-790420, Nationals Technical Information Service, Springfield, Virginia, 294-299.

Weber W J, Wald J W, Matzke H. 1986. Effect of self-radiation damage in Cm-doped $Gd_2Ti_2O_7$ and $CaZrTi_2O_7$[J]. Journal of Nuclear Materials, 138: 196-209.

Yudintsev S V, Stefanovsky S V, Ewing R C. 2007. Actinide host phases as radioactive waste forms[M]//Krivovichev S, Burns P, Tananaev I. Structural Chemistry of Inorganic Actinide Compounds. Elsevier BVP, 453-490.

Yudintsev S V, Lukinykh A N, Tomilin S V, et al. 2009. Alpha-decay induced amorphization in Cm-doped Gd_2TiZrO_7[J]. Journal of Nuclear Materials, 385: 200-203.

Zamoryanskaya M V, Burakov B E. 2004. Electron microprobe investigation of Ti-pyrochlore doped with Pu-238[J]. Materials Research Society Symposium Proceedings, 824: 231-236.

Zamoryanskaya M V, Burakov B E, Bogdanov R R, et al. 2002. A cathodoluminescence investigation of pyrochlore, $(Ca, Gd, Hf, U, Pu)_2Ti_2O_7$, doped with ^{238}Pu and ^{239}Pu[J]. Materials Research Society Symposium Proceedings, 713: 481-485.

第 4 章　样 品 制 备

4.1　前驱体制备

前驱体在进一步合成掺杂锕系核素陶瓷的过程中起着重要作用。合成陶瓷不应该含有单独的锕系相。因此，制备前驱体的主要目的是产生均匀和有化学活性的材料，以使锕系核素能溶进主相的晶体结构中，形成陶瓷固溶体。

4.1.1　溶胶凝胶法

溶胶是高度弥散的溶液中 1～1000nm 大小的胶体颗粒(Lee and Rainforth，1994)。提高颗粒的体积、减少一些溶液或者使用聚合反应会导致颗粒之间价键连接的形成，发生凝胶化。凝胶化发生在弥散相(颗粒)含量在 0.1%到百分之几。溶胶凝胶制备过程如下：悬浮于水溶液中的无机胶体颗粒(微粒体系)和通过碱基氧化物部分水解，然后聚合成凝胶(聚合体系)，这个聚合体系中从来不存在经典溶胶(Lee and Rainforth，1994)。溶胶凝胶法是 20 世纪 50 年代为制备用于核燃料的 UO_2 和 ThO_2 粉末而发展的，该方法可以避免大量有害粉尘。液体高放废物或者非放溶液的凝胶化通常用胶体形成溶剂，如四乙氧基硅烷(tetraehtoxysilane，TEOS)、$Si(OC_2H_5)_4$ 来引起。

锕系核素掺杂的锆石/氧化锆陶瓷已经用溶胶凝胶法合成，合成时使用 TEOS 碱基氧化物作为胶体形成剂，同时使用 Si 源。凝胶过程看似简单，然而有许多实验细节需要考虑。

(1) 开始时分别准备两种溶液：先将锕系和 Zr 的硝酸盐或氯化物溶解于水。TEOS 必须先溶解在丙酮或甲醇中，再往里加水。直接将 TEOS 和水混合会引起 $Si(OC_2H_5)_4$ 的快速水解而形成水合氧化硅沉淀。

(2) 将硝酸盐溶液和 TEOS(水-丙酮或者水-甲醇溶液)混合在一起，搅拌，以获得完全均匀的单相透明溶液。

(3) 需要控制普通溶液的 pH。pH 下降会引起凝胶化。然而，添加过多酸可能导致过快的凝胶化，使固体凝胶不均匀。

刚合成的固体凝胶是透明橡胶状的(图 4.1.1)，室温下慢慢干燥引起完全的溶胶固体化，形成脆的玻璃状态。通常，这个过程会伴随裂纹形成(图 4.1.2)，也可能还是呈固体状的没有形成裂纹的凝胶(Brinker and Scherer，1990)。

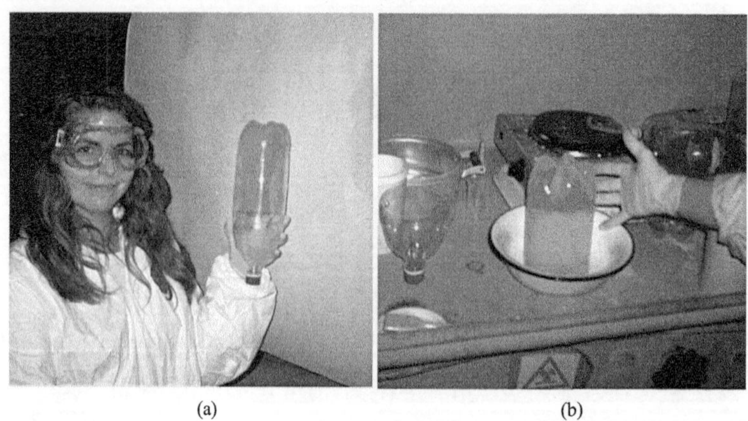

图 4.1.1　(a)溶液中刚刚凝固形成 U 掺杂的 Zr-硅酸盐凝胶；(b)从塑料瓶中取出后，凝胶保持最初形状

在 300～1000℃(图 4.1.3)下烧结，从溶胶基质中去除水、有机物、氮氧化物。然而，烧结后的材料基质总体一般仍保持非晶态，里面常会出现不明晶粒(图 4.1.4)。烧结后的凝胶进一步在 1000～1100℃烧结，在非晶态的氧化硅基质中长出了晶态的氧化锆球(图 4.1.5)。

图 4.1.2　Zr-硅酸盐凝胶在空气气氛 25℃下干燥 2d 后形成裂纹

图 4.1.3　空气气氛 350℃下煅烧 1h 后的 U 掺杂 Zr-硅酸盐凝胶

Ce 和 Gd 作为锕系核素替代物会溶进氧化锆小球的晶格中，而非晶态的氧化硅基质里没有 Ce，因此也可以假定里面没有 U。该实验观测解释了天然含 U“凝胶-锆石”(1.4.14 节，即表 1.4.1 中的 Zr-U-Si 凝胶)和人工掺杂 Pu-Am 的 Zr-氧化硅凝胶(Burakov et al.，2006)异常高的化学稳定性。把锕系核素掺杂进氧化锆晶体结构开始于凝胶基质。锕系掺杂锆石的凝胶形成过程，以及相变、固化和晶化过程中不会形成分离的锕系相。

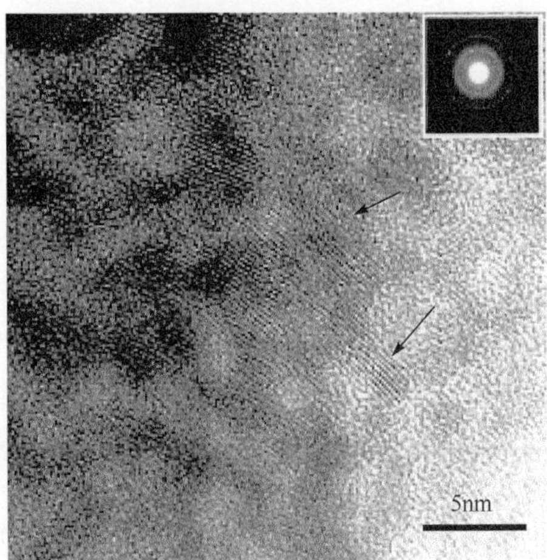

图 4.1.4 空气气氛 600℃下煅烧 1h 后的 Ce 掺杂 Zr-硅酸盐凝胶的高分辨 TEM 图像。箭头指示的是不明晶粒(可能是氧化锆)。电子衍射(插图)表明基体呈非晶态

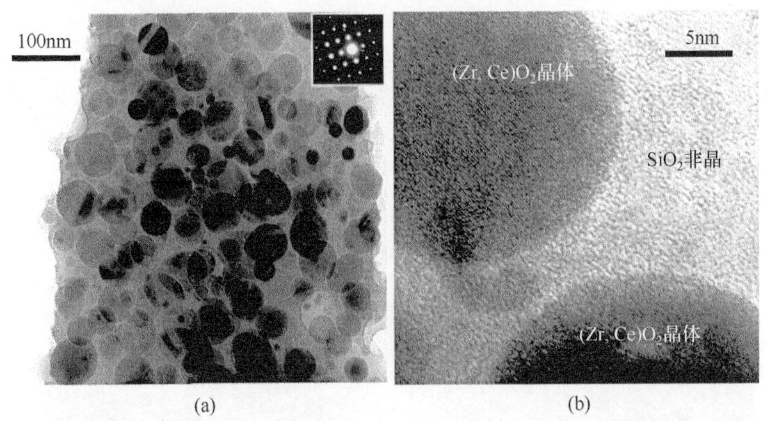

图 4.1.5 1300℃下煅烧 1h 后的 Ce 掺杂 Zr-硅酸盐凝胶低(a)和高(b)分辨率的 TEM 图像。电子衍射(图(a)中插图)表明存在四方氧化锆球体(Zr，Ce)O_2。Ce 溶进了四方氧化锆晶体结构。非晶氧化硅基质里没有 Ce

溶胶凝胶前驱体(Ushakov et al.，1998)在 1400℃烧结 1h 后出现锆石。然而，在溶胶凝胶合成中使用其他化学试剂或者延长焙烧和烧结时间可能在更低温下生长出锆石。

4.1.2 共沉淀法

共沉淀法(Lee and Rainforth，1994)是基于在普通的溶液中将锕系元素和非放射性元素直接转化为不溶的氢氧化物、草酸盐和磷酸盐粉末的方法。该方法的主要优势在于可避免形成分离的含锕系元素的相。所有的锕系核素在沉淀出固相时

溶进固体中。有时可能形成部分结晶的主相，如氟磷灰石、独居石、TPD。该过程伴随着对不常见的锕系元素价态的稳定化。例如，在空气中硝酸盐溶液沉淀的独居石粉末(La，Pu)PO_4和$PuPO_4$中观察到了Pu^{3+}(Burakov et al.，2004)。

共沉淀法的劣势是液体用量大，需要过滤和干燥大量的沉淀物。

共沉淀法的部分重要细节如下：

(1) 在硝酸盐溶液中加入H_3PO_4来沉淀锕系核素掺杂的独居石(Ce，Gd，Eu，La，An)PO_4可能会很慢。在这种情况下，需要加过量氢氧化铵以促进完全沉淀。

(2) 为了使共沉淀均匀，含锕系元素的溶液需要加入过量的草酸盐溶液、氢氧化铵等，同时搅拌。在含锕系元素的溶液中加入沉淀化合物(草酸盐、氢氧化物溶液)可能会形成多相沉淀。

共沉淀法获得的前驱体也可用于合成掺杂锕系核素的陶瓷，如立方氧化锆、独居石、石榴石和氟磷灰石(第3章)。

4.1.3　氧化物粉末混合

氧化物粉末混合是典型的低成本陶瓷制备商业方法(Lee and Rainforth，1994)。根据具体陶瓷组分，对市场上购买的Al、Zr、Si、Mg等氧化物粉末用不同的配比混合和研磨。实验室和工厂常用球磨法(图4.1.6)将氧化物粉末研磨到微米尺度。球磨介质通常根据粉末研磨时需要避免污染的具体情形选用钢、陶瓷或塑料成分。

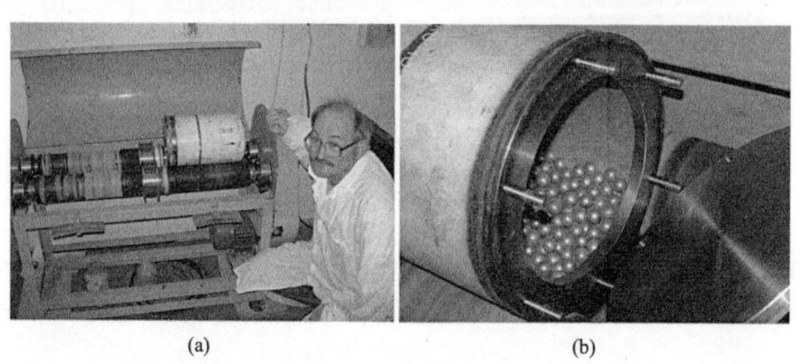

(a)　　(b)

图4.1.6　(a)不锈钢球磨法研磨非放氧化物粉末概貌和(b)打开的球磨罐

要制备次微米的粉末，需要采用特殊的高能球磨法，如振动球磨，通过撞击和摩擦机制磨碎颗粒(Lee and Rainforth，1994)。

氧化物粉末合成锕系核素掺杂的陶瓷劣势在于锕系氧化物和非放前驱体不能完全反应，导致最后形成的陶瓷里包含锕系氧化物。同时，部分非放氧化物如ZrO_2和Al_2O_3及煅烧过的PuO_2和NpO_2是化学惰性的。氧化物前驱体的化学反应活性可以用如下方法提高：

(1) 制备非晶或高度弥散的 Al_2O_3、SiO_2、PuO_2 等。

(2) 掺入金属粉末(Zr、Ti、Al)或者完全替代部分惰性氧化物，如用金属 Zr 代替 ZrO_2。

(3) 用高能球磨激活粉末机械活性(Sepelak，2002；Batyukhnova and Ojovan，2009)。

(4) 在非放氧化物粉末中加入含锕系元素的溶液，进一步烧结和球磨。

(5) 高温高压和更长时间合成陶瓷。

氧化物混合法已经用于锕系掺杂的人造岩、Ti 基烧绿石、钙钛锆石和立方氧化锆(第 3 章)。

4.2 单向热压

单向热压(hot uniaxial pressing，HUP)是基于在陶瓷原料上同时加热和模具加压的陶瓷制备方法。石墨或金属模具通常使用在 HUP 实验室中。大尺寸人造岩(30～60kg 和 300～400mm 直径)成功在 1100～1150℃和 14～21MPa 下在金属管里合成(Ringwood et al.，1988)。

HUP 法可获得致密陶瓷，但需要开发特殊的复杂设备，同时对高压下处理锕系核素的辐射防护要求比较高。目前成功合成密实的锕系核素掺杂的陶瓷是在常压下完成的(4.4 节)。这降低了 HUP 法在该领域中工业应用的可行性。

4.3 热等静压

热等静压(hot isostatic pressing，HIP)同时对密封盒里的模块施加热和等静压(Lee and Rainforth，1994)。通过插入流体容器中的移动模具施加压力。相对 HUP，HIP 可施加更高的压力以产生密实的多晶材料，如超过 99%理论密度的 PuO_2。它是合成用于固化 MOX 乏燃料中废物的陶瓷固化体的潜在选项(Maddrell and Abraitis，2004)。然而，HIP 不大可能在商业上应用，原因是成本太高，在热的气体介质中处理锕系物质的执照也难以获得。

4.4 冷压烧结

冷压烧结是实验室尺度陶瓷烧结的常用方法。美国 LLNL 成功使用冷压烧结法制备了(直径大约 6cm)Pu 掺杂烧绿石陶瓷(第 3 章)。冷压烧结的优势在于成本较低，设备体积不大，方便放在手套箱中。陶瓷粉末装入钢模具中(图 4.4.1)，单向施加压力压成片(图 4.4.2)，然后将片在炉子中烧结(图 4.4.3)。

图 4.4.1　手工填装非放前驱体在不锈钢模具中。英国谢菲尔德(Sheffield)固化科学实验室

(a)　　(b)

图 4.4.2　手工冷压非放前驱体。英国谢菲尔德(Sheffield)固化科学实验室

(a)　　(b)

图 4.4.3　俄罗斯 KRI 研发的放于手套箱中的合成锕系核素掺杂陶瓷的特殊小炉子，可在空气条件下加热到 1600℃。(a)全貌；(b)打开盖子的情况。炉子主体由多孔氧化铝砖构成，防止放射性气溶胶从高温核心区域渗出。图(b)中可见 4 个陶瓷小片及两个可更换的 SiC 加热元件

冷压烧结方法有两方面困难,从钢模中取出陶瓷片和控制烧结时的加热速率。压前驱体粉末时可以不加任何成形剂，虽然这会影响最后的烧结密度。对每种粉末，需要在实验中调试最佳压力。一般用 2～5MPa，不要超过 20MPa。过大的压力可能在取出陶瓷小片时使样品裂开，但太低的压力可能会影响陶瓷孔隙率。为

优化冷压过程，常使用有机成形剂，如聚乙烯醇(polyvynyl alcohol，PVA)溶液。在前驱体粉末中加入少量液体成形剂，然后在球磨仪或者研钵中混合，直到均匀和干燥。成形剂的作用是将前驱体颗粒粘起来，同时作为润滑剂使陶瓷小片更容易从模具中取出。需要在实验中摸索每种前驱体的最佳成形剂用量。因为成形剂会被烧掉，过量的成形剂可能导致烧结后的陶瓷孔隙率变高。同一种前驱体，陶瓷小片大小不一，成形剂用量也不一。200～300℃加热时成形剂会蒸发，所以在这个温度区间加热需要足够缓慢，以便成形剂完全蒸发(Richerson，1992)。

4.5 熔融结晶

熔融结晶是常用的合成陶瓷方法，如生产玻璃陶瓷和熔融(Al_2O_3-ZrO_2-SiO_2)耐火砖。部分固溶锕系核素的主相如钙钛锆石、Ti基烧绿石、石榴石、钙钛矿相、莫他石、氟磷灰石、硅酸盐磷灰石等可以用熔融法在1400～2000℃下合成。采用熔融技术合成锕系元素核素掺杂的陶瓷的原因如下：

(1) 新近开发的基于感应热的CCM技术可以加热到3000～3500℃(图4.5.1)，从而可以生产大尺寸(10cm)多晶样品(图3.5.4)和单晶(图4.7.1)；

(2) 一些锕系废物化学组分和相组分复杂。从含锕系元素的残渣中制备均匀粉末前驱体来进一步通过烧结合成陶瓷固化体是很困难的，经济上也不合算。熔

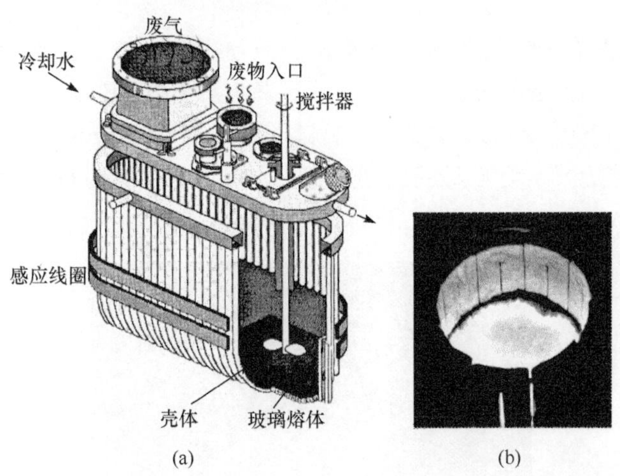

图4.5.1 (a)冷坩埚熔炼炉示意图(Ojovan and Lee，2007)；(b)在冷坩埚熔炼炉里温度2000℃以上的熔融体表面，图片由俄罗斯圣彼得堡艾尔菲物理技术学院(Ioffe Physical-Technical Institute)的B.T. Melekh博士提供

融结晶法无需球磨和冷压。熔融结晶法导致的灵活的多相陶瓷组分可克服前驱体不均匀的困难。人造岩样品已成功用熔融结晶法制备出来(Sobolev et al.，1997；Xu and Wang，2000)。

用熔融结晶法来合成掺杂锕系核素陶瓷的基本手段是用一个可以加热到2500～2800℃的氢焰(图 4.5.2)。该设备直接安装在手套箱中。用这个方法成功制备了 Pu 掺杂的石榴石/钙钛矿陶瓷(图 3.5.1 和图 3.5.3)。

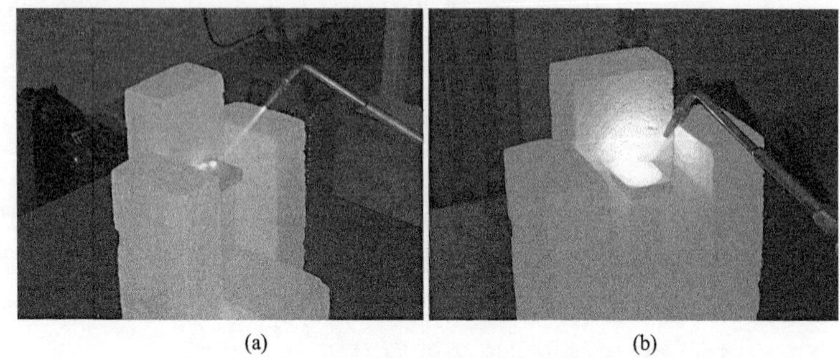

(a)　(b)

图 4.5.2　用氢焰获得 2000℃以上高温，熔融法合成铝酸盐石榴石小样品。高温区域由多孔氧化铝砖屏蔽

4.6　自蔓延高温反应

自蔓延高温合成陶瓷技术基于活性金属粉末，如 Ti、Zr 及 Al 和氧化物(如 MoO_3 及 Fe_2O_3)间的放热反应。在含锕系元素的系统中，该反应伴随释放大量热，使得生坯获得 1700～2500℃的温度，持续时间达数秒(Glagovskiy et al.，2001)。通过调节氧化物/金属比例来控制反应。该法可以形成大尺寸(10cm)单块的陶瓷样品(图 4.6.1)(Ojovan et al.，1999；Ojovan and Lee，2007)。

图 4.6.1　在双壁容器坩埚中用自蔓延法生长大的单块样品(25kg)

使用 SiO_2 和 Zr 粉末的前驱体混合物的自蔓延法可以获得 U_3O_8 包容量为 15%～20%的样品。在前驱体中加入 U_3O_8 可在空气氛围下获得 U 掺杂的锆石(Zr，U)SiO_4 和氧化锆(Zr，U)O_2 (图 4.6.2)。注意，由于 U 会氧化，在空气氛围下使用其他方法把 U^{4+} 掺杂进任何主相都是困难的。

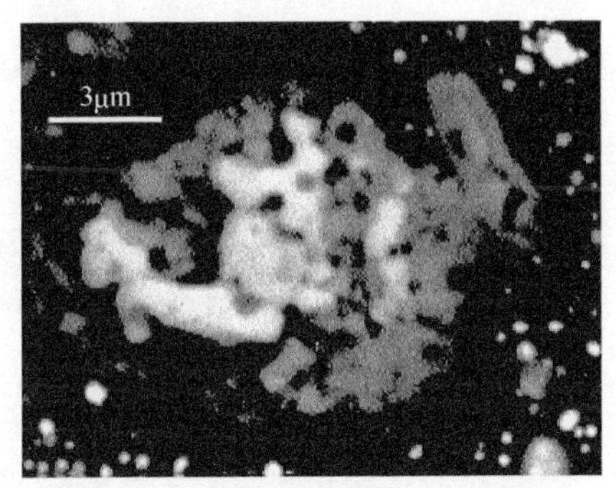

图 4.6.2 U 掺杂(超过 10% U)的锆石和氧化锆相的 SEM 背散射电子图像。样品在空气中用自蔓延法合成，前驱体是 U_3O_8+SiO_2+金属 Zr 的混合物。浅色相是氧化锆(Zr，U)O_2，灰色相是锆石(Zr，U)SiO_4，黑色区域是丙烯酸(类)树脂

虽然自蔓延法在发展锕系材料合成上的应用还不多，但还是取得一些成果，如成功合成了 Pu(10%～30% PuO_2)、Np(10%～30% NpO_2)和 Am(0.5% Am_2O_3)掺杂的 Ti 基烧绿石陶瓷(Yudintsev et al.，2004)。基于锆石的玻璃复合物材料成功固化了 U(1%～12% U_3O_8)和 Pu(1% PuO_2) (Kulyako et al.，2001)。

4.7 生长单晶

合成锕系核素掺杂的晶体在许多方面很重要，如锕系光谱学、锕系分析定标(如 EPMA)、发展先进材料(第 2 章)和详细研究可固溶锕系核素的主相的主要特性。各种生长晶体的方法早有报道，如 Elwell(1979)、Balitskiy 和 Lisitsina(1981)。然而，虽然这些方法在工业生产上用于制备大尺寸、非放单晶体，但多数方法还没有用来制备含高放核素的晶体。这些单晶体包括具有固化锕系核素潜力的石榴石($Y_3Al_5O_{12}$、$Gd_3Ga_5O_{12}$ 等)、用在激光和发光材料的立方氧化锆(图 4.7.1)及人造宝石。

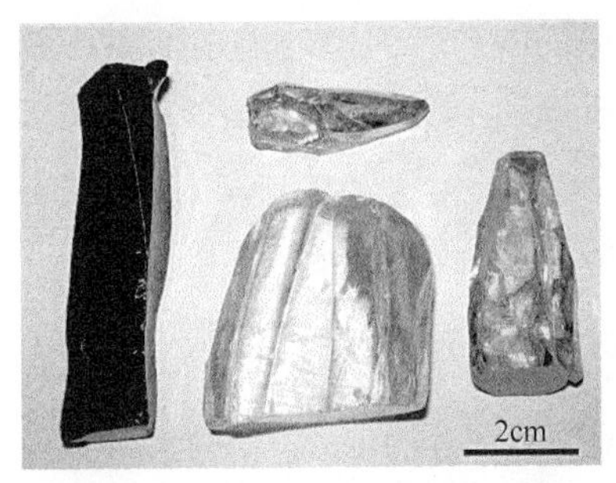

图 4.7.1 CCM 法生长的钇稳定增强的立方氧化锆单晶(Zr, Y, …)O_2

当在手套箱中合成掺杂锕系核素，如 Pu、Np 和 Am 的晶体时，必须避免放射性气溶胶释放。同时，尽量让锕系物质用量最小化，以避免产生二次放射性废物。

美国 ORNL 获得了掺杂 Pu、Np、Am、Cm 的独居石晶体(Boatner et al.，1980)。俄罗斯 KRI 用熔盐法(the flux method)获得了 PuO_2(图 1.3.4)、NpO_2(图 1.3.5)、Pu 掺杂的锆石(图 2.3.4 和图 4.7.5)和 Am 掺杂的独居石(图 4.7.5)。该方法基于锕系氧化物和非放化合

物(如 SiO_2、ZrO_2)及溶解在助熔剂(如 MoO_3、Li_2MoO_4、$CaWO_4$和 LiF)中的稀土磷酸盐之间的反应。助熔剂部分蒸发，熔融体缓慢降温引起熔融体中溶解元素过饱和，导致所需要相的形成和晶化。有报道描述了用熔盐法生长锆石单晶(Hanchar et al.，2001；2004)。类似方法可获得锕系核素掺杂的独居石、磷钇矿、氧化锆、石榴石的晶体(Anderson and Burakov，2003；Hanchar et al.，2003；Hanchar et al.，2004；Burokov et al.，2009)。

熔盐法重要的操作细节如下：

(1) 手套箱中的炉子(图 4.7.2)需配备精确的温度控制器，设计性能应能在1200℃持续工作数天时间。为应对熔盐法中助熔剂蒸发带来的放射性气溶胶释放，须配备特殊的防护系统(Kitsay et al.，2004)。

图 4.7.2　用熔盐法在俄罗斯 KRI 研发的管式炉(Kitsay et al.，2004)中合成锕系核素掺杂的晶体，空气气氛，温度 1200℃以上。蒸发的助熔剂会在炉子内部温度较低区域聚集，从而避免放射性气溶胶释放到手套箱通排风系统中

(2) 为生产大尺寸(毫米量级)形状好的晶体，所有晶体组分前驱体要在 500～900℃煅烧后研磨成粉，然后放入坩埚中。

(3) 一些情况下，在装载入坩埚前难以获得仔细混合和研磨的助熔剂和高放前驱体。为克服该困难，可初步研磨非放前驱体和熔盐，再加入锕系氧化物(无法完全混合)。

(4) 为减少助熔剂蒸发，助熔剂和前驱体的最后混合是在有盖子的 Pt 坩埚中完成的。

(5) 随着助熔剂蒸发，在坩埚的不同区域生长出晶体(图 4.7.3)，形状最好最大的晶体常沉淀在坩埚底部或者靠近底部的壁上(图 4.7.4 和图 4.7.5)。

(6) 助熔剂最高蒸发温度通常不超过 1200℃。助熔剂蒸发的同时，晶体在恒定温度或温度缓慢下降过程中生长出来。

(7) 助熔剂蒸发同时缓慢降温可获得更大的晶体。然而，为使锕系核素在一些晶体(如锆石)均匀分布，需要使助熔剂蒸发过程中，在 2～5d 的时间里保持固定温度，最后再快速降温。

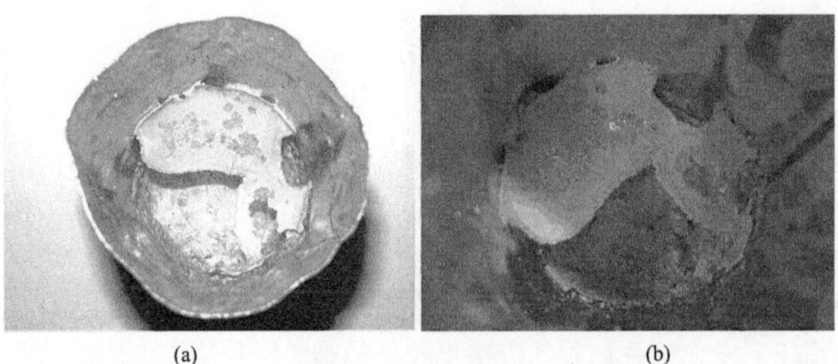

(a)　(b)

图 4.7.3　生长出掺杂了 Pu、Eu、Tb 的锆石单晶的铂坩埚：(a)概览；(b)坩埚底部近图。晶体位于 3 处区域：充满剩余助溶剂的坩埚底部；几乎没有助熔剂的器壁；坩埚底部上助熔剂膜的表面(白色)

(a)　(b)

图 4.7.4　(a)V 掺杂的单晶锆石；(b)Pu 掺杂(8%～14% Pu)的单晶锆石，晶体位于溶解掉剩余助熔剂后的 Pt 坩埚底部

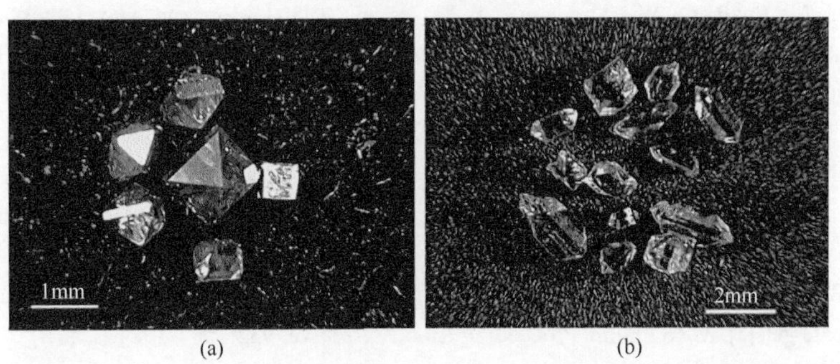

(a)　(b)

图 4.7.5　(a)Pu 掺杂(8%～14% ^{239}Pu)的单晶锆石(Zr，Pu)SiO_4 和(b)Am 掺杂(0.3% ^{243}Am)的独居石(Dy，La，Am)PO_4。样品用熔盐法获得，结晶于 Pt 坩埚较低的位置

4.8 小　结

块状锕系废物的化学组分是影响陶瓷合成前驱体选择和合成方法的重要因素。均匀和化学“反应性”高的前驱体制备方法是溶胶凝胶法和共沉淀法，但这两种方法都需使用大量放射性溶液。使用“干的”氧化物混合前驱体是陶瓷工业的常用方法，但劣势在于在制备固化锕系废物的陶瓷固化体时，前驱体化学“反应性”低而且容易产生高放的α放射性粉尘和气溶胶。

目前，掺杂锕系核素的陶瓷趋向于在常压下合成，避免使用 HUP 法和 HIP 法。获得高压下操作锕系物质的资格也越来越难。压片烧结方法是实验室合成锕系核素掺杂陶瓷的常用方法，将来有望应用于工业上。熔融结晶法，特别是使用冷坩埚熔炼炉的陶瓷固化体制备方法具有前景，但仍需进一步发展测试。高温自蔓延合成法可能适合于固化化学成分复杂的锕系废物。然而，需要更多研究来证明该法可用。尽管工业上获得大尺寸非放单晶技术已经很成熟，然而合成、研究和分析掺杂锕系核素的单晶目前还处于发展的早期阶段。

参 考 文 献

Anderson E B, Burakov B E. 2003. Ceramics for the immobilization of plutonium and americium: Current progress of R&D of the V.G. Khlopin Radium Institute[J]. MRS Proceedings, 807:207.

Balitskiy V S, Lisitsina E E. 1981. Synthetic Analogues and Imitations of Natural Gem Stones[R]. Moscow: Nedra(in Russian).

Batyukhnova O G, Ojovan M I. 2009. Tribiochemical treatment for immobilisation of radioactive wastes[C]//Scientific Basis for Nuclear Waste Management xxxll(Materials Research Society Symposium Proceedings), Warrendale.

Boatner L A, Beall G W, Abraham M M, et al. 1980. Monazite and Other Lanthanide Orthophosphates as Alternate Actinide Waste Forms[R]. Scientific Basis for Nuclear Waste Management.

Brinker C J, Scherer G W. 1990. Sol-Gel Science[M]. London:Academic Press.

Burakov B E, Yagovkina M A, Garbuzov V M, et al. 2004. Self-irradiation of monazite ceramics: Contrasting behavior of $PuPO_4$ and $(La,Pu)PO_4$ doped with Pu-238[J]. MRS Proceedings, 824:219-224.

Burakov B E, Smetannikov A P, Anderson E B, et al. 2006. Investigation of natural and artificial Zr-silicate gels[J]. MRS Online Proceeding Library Archive, 932:1017-1024.

Burakov B E, Domracheva Y V, Zamoryanskaya M V, et al. 2009. Development and synthesis of durable self-glowing crystals doped with plutonium[J]. Journal of Nuclear Materials, 385(1):134-136.

Elwell D. 1979. Man-made Gemstones[M]. Hertfordshire: Ellis Horwood Ltd., Publishers.

Glagovskiy E M, Yudintsev S V, Kouprine A V, et al. 2001. Investigation of actinide doped matrices obtained by self-propagating high temperature synthesis[J]. Radiochimia 43(6): 557-562 (in Russian).

Hanchar J M, Burakov B E. 2003. Investigation of single crystal zircon, (Zr,Pu)SiO_4, doped with ^{238}Pu[J]. MRS Proceedings, 757:215-225.

Hanchar J M, Finch R J, Hoskin P W O, et al. 2001. Rare earth elements in synthetic zircon: Part 1. Synthesis, and rare earth element and phosphorus doping[J]. American Mineralogist, 86(5-6):667-680.

Hanchar J M, Burakov B E, Zamoryanskaya M V, et al. 2004. Investigation of Pu incorporation into zircon single crystal[J]. MRS Proceedings Library Archive, 824:225-236.

Kitsay A A, Garbuzov V M, Burakov B E. 2004. Synthesis of actinide-doped ceramics: From laboratory experiments to industrial scale technology[J]. MRS Proceedings, 807:237-242.

Kulyako Y M, Perevalov S A, Vinokurov S E, et al. 2001. Properties of host matrices with incorporated U and Pu oxides, prepared by melting of a zircon-containing heterogeneous mixture (by virtue of exo effect of burning metallic fuel)[J]. Radiochemistry, 43(6):626-631.

Lee W E, Rainforth W M. 1994. Ceramic Microstructures: Property Control by Processing[M]. London: Chapman and Hall, 604.

Maddrell E R, Abraitis P K. 2004. Ceramic wasteforms for the conditioning of spent MOX fuel wastes[J]. MRS Proceedings, 807:231-236.

Ojovan M I, Lee W E. 2007. New Developments in Glassy Nuclear Wasteforms[M]. New York: Nova Science Publishers.

Ojovan M I, Petrov G A, Stefanovsky S V, et al. 1999. Processing of large-Scale radwaste-containing blocks using exothermic metallic mixtures[J]. MRS Proceedings, 556:239-245.

Richerson D W. 1992. Modern Ceramic Engineering[M].2nd ed. New York:Marcel Dekker.

Ringwood A E, Kesson S E, Reeve K D, et al. 1988. Synroc in Radioactive Waste Forms for the Future[M]//Lutze W, Enmg R C. Netherlands: North-Holland Physics Publishing: 233-334.

Sepelak V. 2002. Nanocrystalline materials prepared by homogeneous and heterogeneous mechanochemical reactions[J]. Annales De Chimie Science Des Matériaux, 27(6):61-76.

Sobolev I A, Stefanovsky S V, Ioudintsev S V, et al. 1997. Study of melted Synroc doped with simulated high-level waste[J]. MRS Proceedings, 465:363.

Ushakov S V, Burakov B E, Garbuzov V M, et al. 1998. Synthesis of Ce-doped zircon by a sol-gel process[J]. MRS Proceedings, 506:281.

Xu H, Wang Y. 2000. Crystallization sequence and microstructure evolution of Synroc samples crystallized from $CaZrTi_2O_7$ melts[J]. Journal of Nuclear Materials, 279(1):100-106.

Yudintsev S V, Ioudintseva T S, Mokhov A V, et al. 2003. Study of pyrochlore and garnet-based matrices for actinide wastes produced by a self-propagating high-temperature Synthesis[J]. MRS Proceedings, 807:272-273.

第 5 章　高放射性样品的检测

5.1　XRD 分析

块体和粉末 XRD 分析是常用的确认固体晶相组成的手段(Cullity，1956)。有关含有高放射性锕系元素样品的 XRD 分析，需要强调以下几方面：

(1) XRD 样品制备通常需要将样品在玛瑙罐中研磨成均匀的细粉末。研磨时可以加或者不加内标(如石英、金刚石、晶体 Al_2O_3)。然而，处理含锕系核素如 ^{238}Pu、^{244}Cm 和 ^{241}Am 的粉末是很困难的，即使在特殊设计的手套箱中也是如此。有时为了避免研磨粉末的麻烦，在一些情况下也使用薄的陶瓷小片样品。

(2) 在热室中或者大的手套箱中操作带防护的 XRD 设备是相当昂贵的。常用的不带防护的 XRD 设备只能用来分析密封在特殊匣子或盒子里的危险样品。这类样品可视为密封的辐射源，从而可以在手套箱外操作。PNNL 发明和使用了这种技术来对掺杂 ^{238}Pu 的陶瓷样品进行 XRD 分析(Strachan et al.，2004；2005；2008)。俄罗斯 KRI 发明了带铍窗的放置样品的匣子，它可以透过 X 射线，如图 5.1.1 所示(Burakov，2000)。这个匣子在手套箱中通过焊接或使用临时的胶水来密封。当样品需要从匣子取出用于其他实验时，推荐使用胶水进行临时密封。在清

图 5.1.1　俄罗斯 KRI(Burokov，2000)研发的用于高放锕系核素掺杂样品 XRD 分析的密封盒一部分：盛放粉末样品、内标或者薄的固体陶瓷片的普通样品夹(左)；含有圆形金属铍窗的铝盖(右)。放射性样品被置于盒子中，在手套箱中用盖子密封住。在表面去污后，该密封盒被认为是一个密封放射源

洗和检查完样品表面污染情况后，样品可视为一个密封放射源医院和研究中经常使用)。俄罗斯 KRI 利用这种匣子用 XRD 反复研究了掺杂 ^{238}Pu 的陶瓷样品，样品匣甚至在辐照 5～6 年后也可使用(Burakov et al.，2008)。

5.2　SEM 和 EPMA

扫描电子显微镜(SEM)和电子探针显微分析技术(EPMA)也是研究含锕系核素样品的方法，操作流程类似于处理不带放射性的样品，如标准文件中所述(Goldstein et al.，1981)，不过有些许不同。例如，设备(特别是真空相机)要防止辐照损伤和污染。因此，样品尺寸要最小化，以限制放射性材料的使用量和限制粉尘颗粒及气溶胶的释放。通过光学显微镜，在 SEM 和 EPMA 实验中可以挑选有代表性的样品(图 5.2.1)。

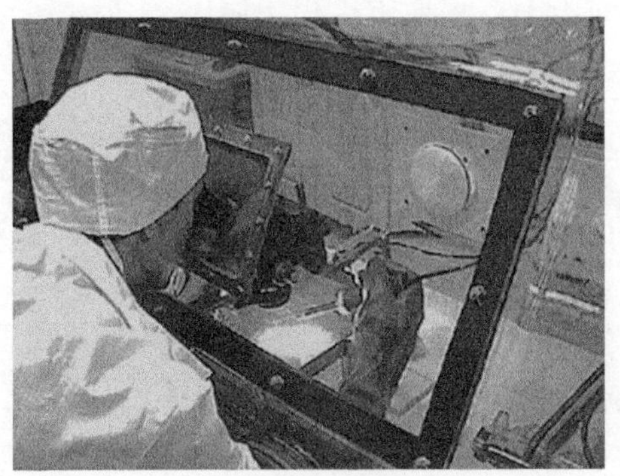

图 5.2.1　用光学显微镜在手套箱中初步研究和筛选“热的”切尔诺贝利颗粒，以便进一步用 EPMA 和 SEM 研究(Burakov et al.，2003)

用于 EPMA 定量分析的优选陶瓷块或晶体通常放在环氧树脂或丙烯酸树脂上面，样品表面抛光(图 5.2.1)。环氧树脂透光，因此样品的取向可以在凝固前检测和调整(如果需要)。丙烯酸树脂(牙医用来填补牙齿)不透明，凝固很快。与环氧树脂相比，它更脆、力学稳定性好、耐α辐照。放射性小片通常手动抛光(在手套箱里)。这个步骤对处理丙烯酸树脂上的小片来说更容易。

抛光后的小片用清洁棉(用来检测α辐照)来清洗和检查表面污染。若需要，该步骤可以重复多次。若担心去污质量，可以在小片未抛光的表面喷涂导电漆。

如果样品本身导电(如 UO_2)，在样品基质表面涂导电材料(如 C 和 Au)不是必须的。这样，样品和金属支撑物之间一条导电漆就足以确保 SEM 图像和定量 EPMA(图 5.2.2)分析不受任何电荷方面的影响(Lee and Rainforth，1994)。

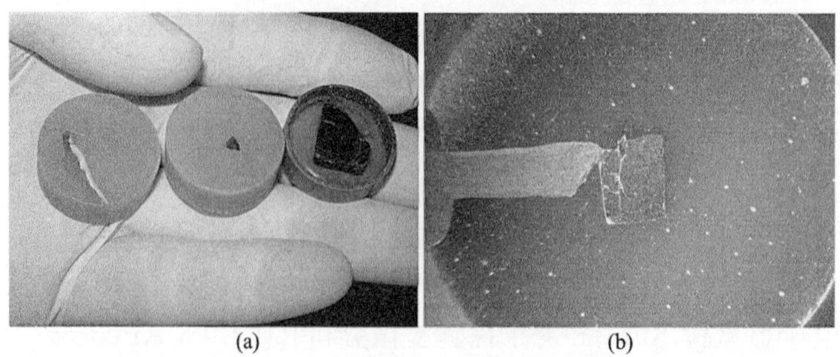

图 5.2.2 无覆盖物的样品台和陶瓷小片，用于光学显微镜、EPMA、阴极射线致发光图像和光谱分析：两个陶瓷片的概览(图(a)左和中是丙烯酸(类)树脂基质，右是环氧树脂基质)；图(b)是陶瓷小片样品中部抛光的特写，外加一条导电漆

在喷涂前，需要在光镜下用反射光检查小片状态(图 5.2.3)。陶瓷或晶体基质上所有不均匀的表面和单晶体抛光面的晶向都需要记录。EPMA 定量分析需要避开有裂纹的区域，但同时又需要找能代表整个样品基质不同化学组分的区域(图 5.2.4 和表 5.2.1)。

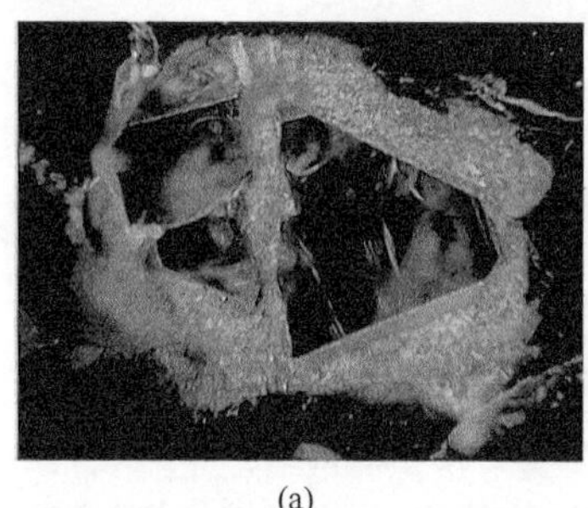

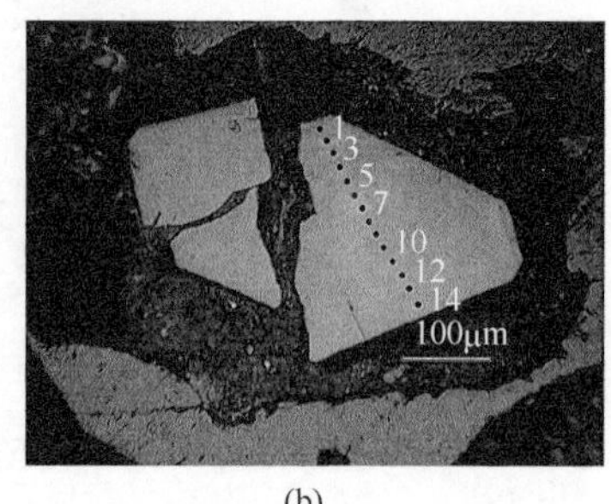

图 5.2.3 三片置于丙烯酸(类)树脂上 ^{238}Pu 掺杂的锆石单晶的反射光图像。暗场下拍摄(图(a))尽管样品因为辐照裂成了几片，晶体取向仍然很清晰。在 EPMA 实验中，图(b)中晶粒用点来标记，避开了裂纹。分析结果在图 5.2.4 中

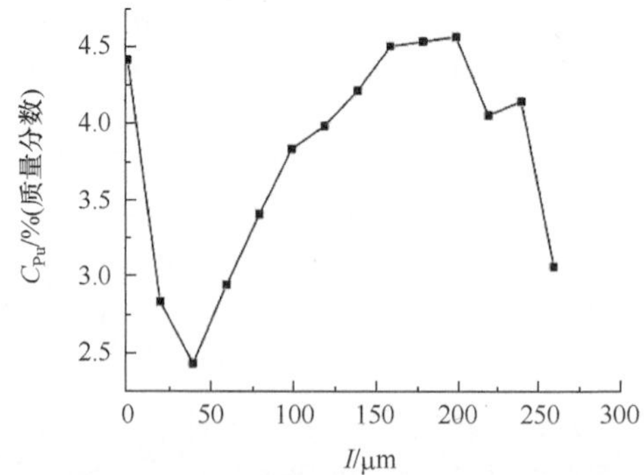

图 5.2.4 ^{238}Pu 掺杂锆石晶体横截面的 EPMA 曲线(从第 1 到第 14 点)(见图 5.2.3 和表 5.2.1)。C_{Pu}是 Pu 浓度，I 是从第 1 点开始的距离

表 5.2.1 ^{238}Pu 掺杂锆石晶体横截面的 EPMA 结果(图 5.2.3 和图 5.2.4) (单位：%)

编号	Si	Zr	Pu
1	15.3	47.7	4.4
2	15.1	48.1	2.8
3	14.9	48.1	2.4
4	15.0	47.7	3.0
5	15.0	47.6	3.4
6	14.9	46.8	3.8
7	14.8	46.9	4.0
8	15.1	46.2	4.2
9	14.9	45.9	4.5
10	14.9	45.8	4.5
11	14.7	45.8	4.6
12	14.9	46.6	4.1
13	15.4	46.3	4.2
14	15.3	47.7	3.1

强烈的α辐照可能破坏沉积的导电膜，使 SEM 和 EPMA 实验无法进行。有时样品中锕系核素的射线会影响半导体探测器信号(如二次或背散射电子)，使得图像质量很差。为克服这个困难，要在样品喷涂导电物后立刻做 SEM 和 EPMA 实验，或者喷厚一点。在更高的电压和电流条件下进行 SEM 实验也可以解决上述问题。导电膜太厚会影响图像清晰度，因而最佳厚度要在实验中确定。对于精确的 EPMA 定量分析，符合 EPMA 标准的不同小片和样品要同时喷涂。俄罗斯 KRI 用该方法来研究切尔诺贝利“熔岩(lava)”和“热”颗粒(Burakov，1993；Burakov et al.，1994，2003)。半导体探测器上覆盖的厚铜膜可以防止辐照损伤。同时，可以获得高衬度的背散射电子图像。俄罗斯 KRI 采用类似手段进行了掺杂 8%～10% ^{238}Pu 的 Ti 基烧绿石和立方氧化锆陶瓷的 EPMA 定量分析(Burakov et al., 2002a; Zamoryanskaya and Burakov, 2004)。

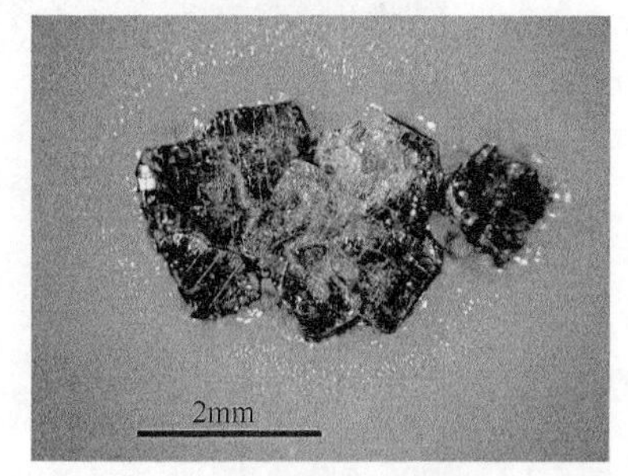

图 5.2.5 丙烯酸树脂上聚在一起的 ^{238}Pu 掺杂的锆石晶体的反射光图片。拍摄于制备样品 6 年后，强辐照导致样品肿胀和出现裂纹。丙烯酸树脂也被辐照，导致在锆石样品周围形成一个损伤环

对于反复进行 SEM 和 EPMA 实验的样品，随辐照剂量的增加和累积，需要考虑α辐

照对丙烯酸或环氧树脂的损伤(图 5.2.5)。

在含锕系元素的物质 EPMA 定量分析中，单晶 PuO_2、NpO_2 等被用作标样(图 1.3.4 和图 1.3.5)。

5.3 阴极射线致发光

当某些固体(如绝缘体和半导体)被电子轰击时，会发射电磁波谱中紫外和可见光波段的长波光子，这种现象称为阴极射线致发光(CL)。许多现代 SEM 和 EPMA 设备都拥有阴极模式，配备了可以探测该波段光子的探测器。部分设备配备了光学显微镜，可以在数微米到数百微米区域直接观察 CL。样品可以用配备了 SEM、EPMA 和 CL 模式的同一台多探测器设备研究。安装在 SEM 和 EPMA 光学接口的照相机可以记录 CL 图像。同样的光学接口也许可以用来安装小巧的 CL 谱仪(Zamoryanskaya et al.，2004)。这样就可以获得样品(尺度 1～3μm)的 CL 谱。

与 SEM 背散射电子图谱和光学显微镜比，CL 对部分化学非均匀的缺陷的探测更灵敏(图 5.3.1)。CL 谱是一种研究掺杂进主相晶体结构(Zamoryanskaya and Burakov，2006)或者融进玻璃相的锕系核素价态的重要工具。各向异性晶相的 CL 谱与晶向相关(Burakov et al.，2007)。因此，CL 谱可鉴别掺杂锕系核素单晶的晶体取向，这些信息在压片样品中则不能获得。

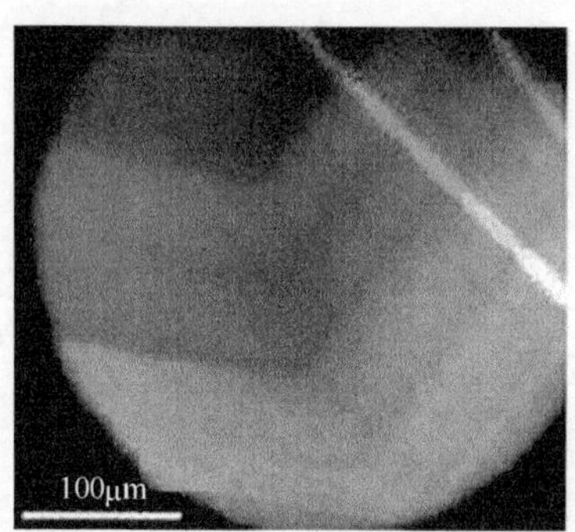

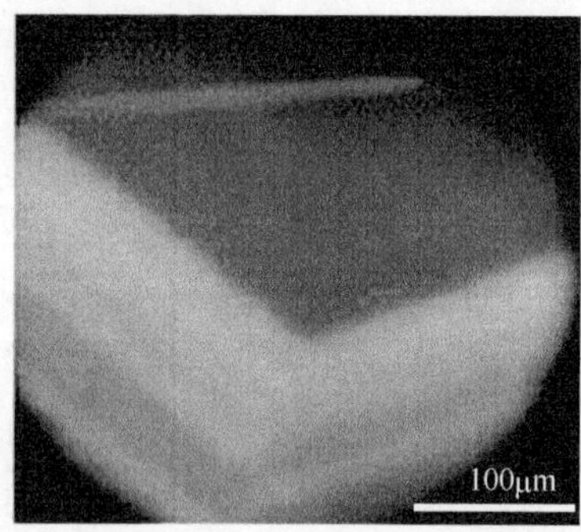

图 5.3.1 ^{239}Pu 掺杂的锆石不同区域的阴极射线图(Burakov et al.，2002b)。Pu 浓度从 0.1%(浅色区域)到 1.4%(深色区域)。光学显微镜和 SEM 背散射电子不能观察到锆石晶体这种不同区域的不均匀性

考虑到累积剂量，固溶锕系核素的主相材料的 CL 谱与辐照损伤程度有关。最简单的情况，CL 辐射强度是剂量和晶体损伤程度的函数(图 5.3.2)。在掺杂 ^{238}Pu 和 ^{238}U 的 Ti 基烧绿石的重复 CL 实验研究中获得了令人惊奇的结果(Zamoryanskaya et al.，2002)。烧绿石相(Ca，Gd，Hf，Pu，U)$_2Ti_2O_7$ 的自辐照伴随铀酰离子的产生

和积聚，包括$(UO_2)^{2+}$和$(UO_4)^{2-}$。因此，CL 谱可揭示锕系元素形态的演化过程。该现象还没有用其他分析方法观察到过。

CL 方法还应用在研发掺杂少量锕系核素的自发光晶体上(Burakov et al.，2007；2009)。非放射性“荧光元素”(Eu、In、Tb、Dy 等)激发的CL 发射强度与掺杂同样荧光元素和锕系核素的主相自发光强度相关。这些核素通常掺杂在锆石、石榴石、磷钇矿和独居石晶体结构中。这些现象表明最佳的荧光元素混合物的量可用CL 方法鉴定。在开展带放晶体研究前，可开展非放晶体的实验。该领域初步研究结果总结在表2.4.1(第 2 章)。它们表明最佳含量的荧光元素产生强的自发光，可降低 ^{238}Pu 的需要量。

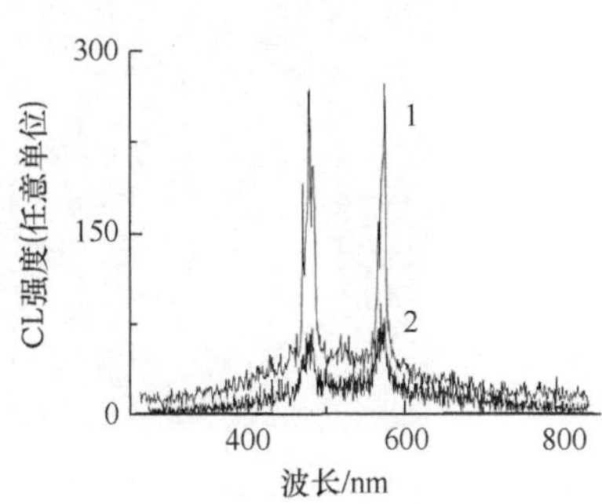

图 5.3.2　掺杂 2.4%～2.7% ^{238}Pu(图 2.3.4(a))的 CL 谱：锆石合成后马上测(上谱)和 574d 后测(下谱)。图片由俄罗斯圣彼得堡艾尔菲物理技术学院(Ioffe Physical-Technical Institute)的 Zamoryanskaya 博士提供

5.4　光学显微镜

专著(如 Bousfield，1992)和综述文献(如 Roberts and Robinson，1955)描述了光学显微镜观测陶瓷的工作。但应用在研究锕系固化相方面的例子并没有预想的多。光学显微镜可以简单便捷地观察掺杂锕系核素晶体材料的特征(图 5.4.1)。例如，在多晶陶瓷和掺杂 ^{238}Pu 的单晶体上观察到了颜色变化和裂纹形成的现象(Burakov et al.，2009)。例如，独居石陶瓷(La，Pu)PO_4在 ^{238}Pu 自辐照下颜色从最初的浅蓝色变灰，尽管它仍然保持晶态(从 XRD 看)且没有生成裂纹。多晶的 Pu 独居石 $PuPO_4$蜕晶化后裂成数片，颜色也从深蓝变为黑色。锆石/氧化锆陶瓷自辐照下不会发生裂纹，同时保持它最初的浅灰色，即使发生完全非晶化也是如此。然而，掺杂 ^{238}Pu 的单晶锆石(图 5.4.1 和图 5.4.2)经过 7 年时间，基体上长出了裂

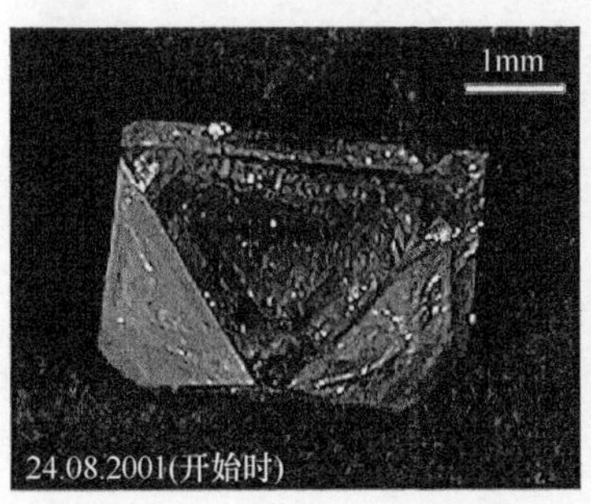

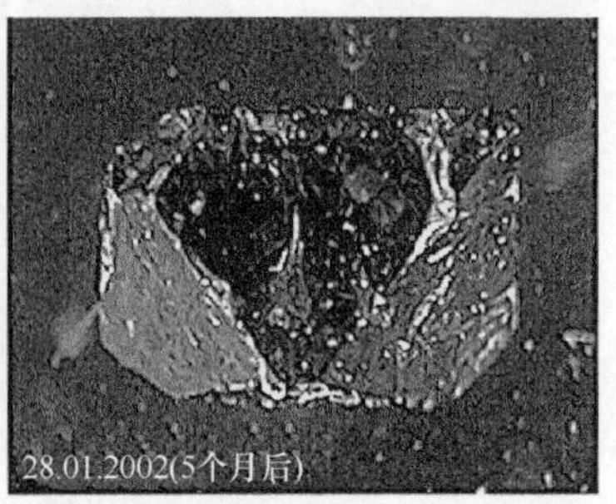

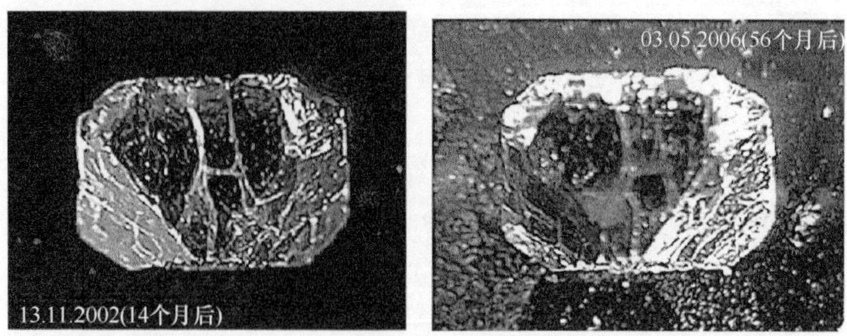

图 5.4.1　自辐照下掺杂 ^{238}Pu 的锆石单晶的行为：晶体置于玻璃密封盒内以便反复观察。^{238}Pu 平均含量 2.4%，但分布不均匀(用 EPMA 测试所有 Pu 同位素)，从 1.9%到 4.7%。Pu 含量最低的区域位于晶体边缘。自辐照导致晶体出现裂纹，颜色由开始的粉棕色变为棕色、灰棕色、黄灰色至绿灰色。同时观察到晶体周围形成许多小的颗粒(几到数十微米)(Burakov et al.，2009)

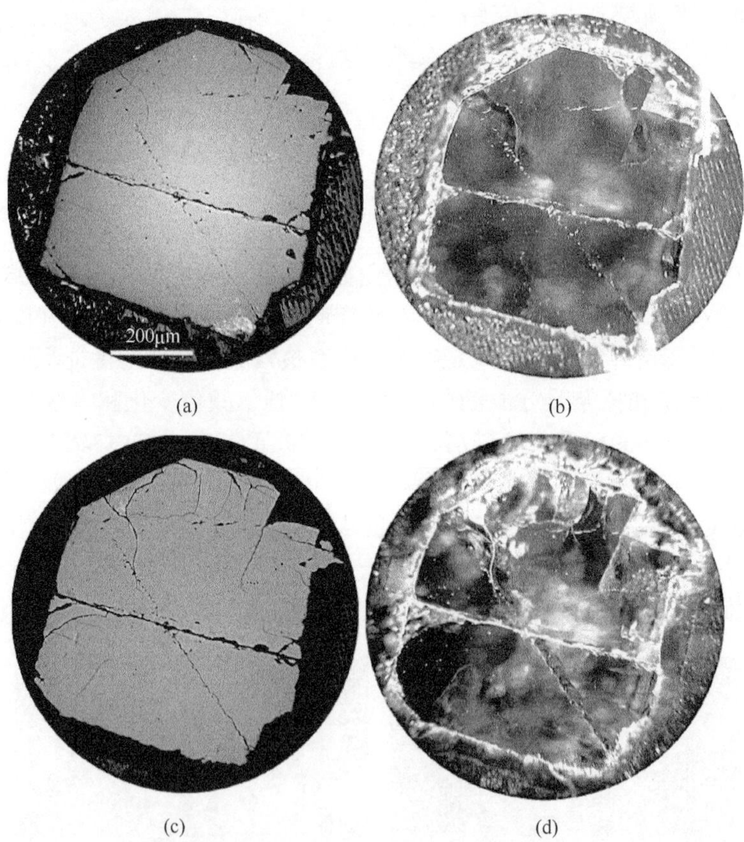

图 5.4.2　掺杂 2.4% ^{238}Pu 的锆石单晶的反射光图片：锆石合成后马上测试(图(a)和(b))和 574d 后测试(图(c)和(d))。图(b)和(d)在暗场下拍摄，可以看到内部晶体基质的特征。自辐照导致裂纹和颜色变化(图(c)和(d))

纹，颜色也从最初粉棕色变为棕色、灰棕色、黄灰色至绿灰色。该晶体另一重要特征是它会在黑暗中自发光(图 2.4.1)。随着辐照损伤程度加深，该现象最终消失。俄罗斯 KRI 用光学显微镜对所有锕系核素掺杂的样品进行定期研究(图 5.4.3)，这些样品也需要用不同分析手段在不同时间开展重复研究。少数情况下，如果样品分解得厉害以至于成为放射性颗粒源时，需要暂停研究工作。因为它可能会污染设备(图 5.2.5)。

图 5.4.3　俄罗斯 KRI 研发的玻璃密封盒，用于使用光镜反复观察高放锕系核素掺杂的样品

5.5　力学稳定性

表征力学稳定性对非放射性陶瓷很重要(Wachtman et al.，1996)，但在带放废物包括掺杂高放锕系核素的晶体材料中应用较少(Ojovan and Lee，2005)。关于机械完整性的详细信息仅见于掺杂 20%、30%和 40% NpO_2(摩尔分数)的氧化钇稳定的立方氧化锆陶瓷(Kinoshita et al.，2006)。拥有良好力学稳定性和化学稳定性的大部分单相陶瓷包括氧化铝和氧化锆，也被用在人体假肢上。由于晶界玻璃相不稳定，在水相环境中更不稳定，多相陶瓷组分往往导致稳定性下降。把锕系核素掺杂进主相晶格里可能会影响它们的力学性能。采用简单快速的手段比较掺杂锕系核素陶瓷的力学稳定性是合适的。一个可能的粗略表征材料力学稳定性的方法类似于历史上耐火材料工业里应用的冷压强度测试法(Chesters，1983)，该方法可以简单地在手套箱里进行操作，但是它的物理有效性比较低(图 5.5.1)。放射性的陶瓷应该与很好表征过的非放标样及其他锕系核素掺杂样品进行仔细比较。

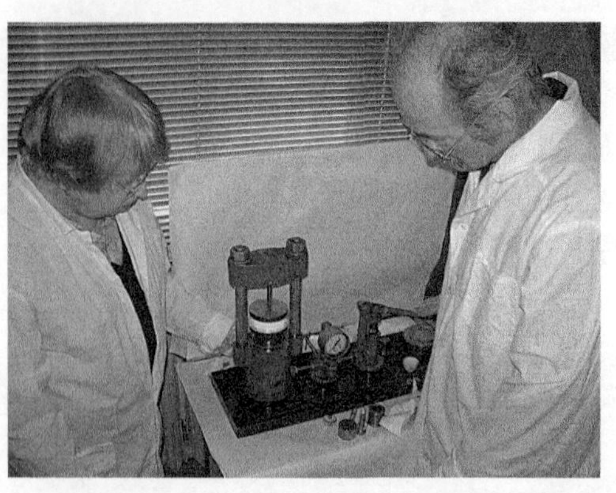

图 5.5.1　用等静压简单检查下惰性大尺寸(直径约 10cm)陶瓷小片的力学稳定性：陶瓷稳定性用破坏陶瓷片的压力与陶瓷小片上表面积之比表示

5.6　浸出和蚀变实验

详细表征和理解掺杂锕系核素的陶瓷的化学稳定性是发展陶瓷固化体的关键一环。然而，目前对材料在百万年尺度稳定性的认识是有限的。这些未知之处(特别是对水泥和陶瓷废物)必须得到未来(国际)研究计划的关注。

有关放射性核素固化可靠性的一项关键指标是测试放射性核素从长期存储或永久处置的废物中释放速率。因为放射性核素再被引入生物圈的最合理的路径是水，放射性核素浸出率就是最关键的表征废物体固化核素的指标。评价含不同核素废物的浸出行为是对第 i 种核素的量用标准浸出率 NR_i 进行比较。对第 i 种核素归一化的浸出率 NR_i(g/(cm^2 · d))用如下公式计算：

$$NR_i = \frac{A_i}{A_0}\frac{W_0}{St} \tag{5.6.1}$$

式中，A_i 为样品第 i 种组分在时间 t(以天计算)的浸出量(g)；A_0 为该组分在样品中最初含量(g)；W_0 为样品最初质量(g)；S 为水与样品的接触面积(cm^2)。NR_i 用一系列测试得出，如 IAEA 测试标准 ISO 6961-1982。美国 MCC 提出了一套确定玻璃废物和其他废物在水溶液中稳定性的标准测试方法。MCC 方法现在被全世界所采用。一些重要的测试方法见表 5.6.1(Strachan，2001)。

用静态浸出测试方法 MCC-1(ASTM C1220-92，1995)可以相对方便地确定低溶解度锕系核素，同时可以与玻璃废物得到的结果进行比较(Lutz and Ewing，1988)。MCC-1 方法在不同的实验室中可能有些许不同。这里仅简要介绍俄罗斯 KRI 修改过的在手套箱外采用的 MCC-1 程序。已知组分和表面积的陶瓷样品被放置在特氟龙测试容器底部(图 5.6.1(a))，里面装有去离子水或蒸馏水。然后放置在恒定温度的烘箱中。MCC-1 方法通常采用 25℃或者 90℃。这两种温度下浸出率不需要特别注意水施加的压力。水可能被锕系核素严重污染。在部分情况下，会采用超过 100℃的温度，加入酸来加速浸出蚀变过程。在不锈钢容器(图 5.6.1(b))或高压釜(图 5.6.2)中的特氟龙容器中加入酸来加速浸出蚀变过程。

表 5.6.1　标准浸出和蚀变实验

实验设计	条件	应用
ISO6961，MCC-1	去离子水 静态 单片样品 试样表面积比水体积 通常为 $10m^{-1}$ 连通大气 温度 25℃(IAEA)，40℃， 70℃和 90℃(MCC-1)	比较废物组分
MCC-2	去离子水 温度 90℃ 密闭	和 MCC-1 一样，但在更高的温度下
PCT(MCC-3)	产物一致性检测 搅拌加玻璃或陶瓷粉体去离子水 不同温度 密闭	针对稳定废物，加速浸出
SPFT(MCC-4)	单程流量法 去离子水 连通大气	这是最有用的实验
VHT	气相水合法 单片样品 密闭 高温	加速蚀变产物形成

注：PCT(product consistency test)表示产品一致性测试法；SPFT(single pass flow through test)表示单程流量法；VHT(vapour phase hydration)表示气相水合法。

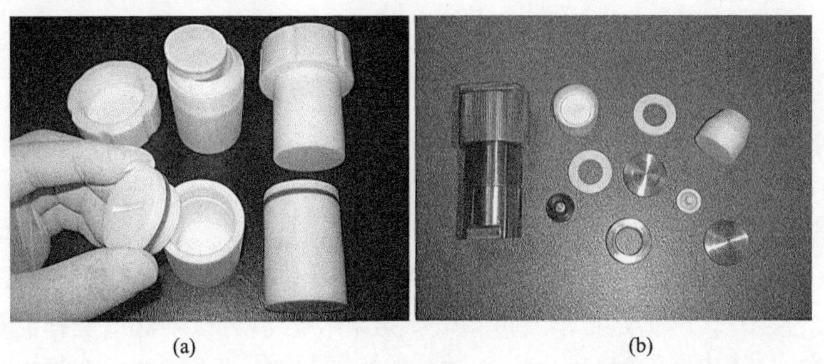

(a)　(b)

图 5.6.1　(a)锕系核素掺杂陶瓷的静态浸出实验用容器：实验用两种特氟龙容器，温度达 90℃；(b)不锈钢压力容器，内部有两个部件组成的特氟龙核，实验温度小于 120～150℃

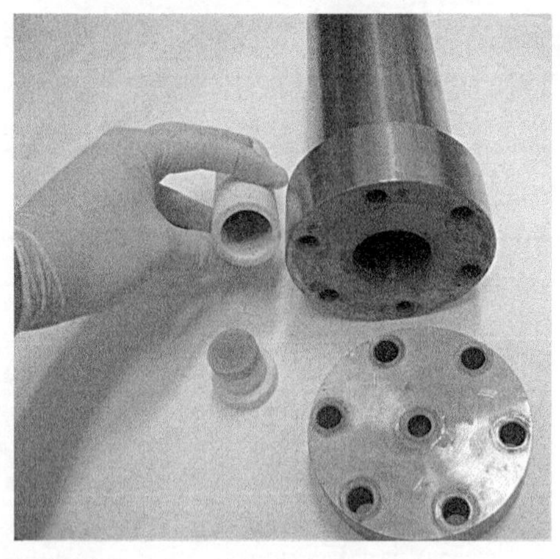

图 5.6.2 不锈钢高压釜，内置特氟龙容器，用作 150～190℃下蚀变实验

为避免陶瓷与特氟龙容器直接接触，将陶瓷小片固定在 Pt 线上或放置在 Pt 箔上(图 5.6.3)。

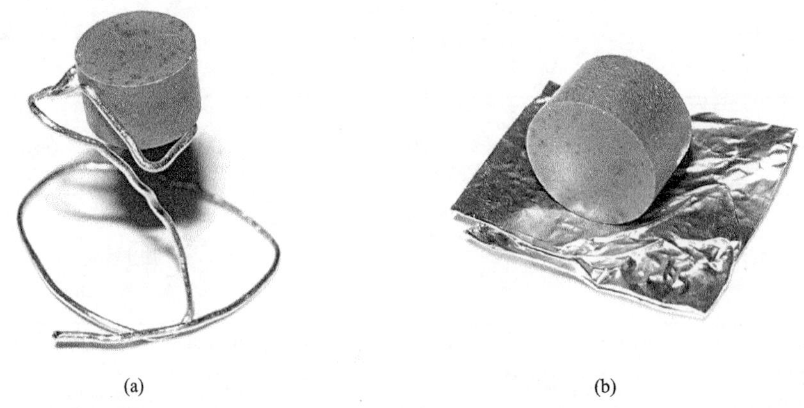

(a) (b)

图 5.6.3 静态浸出实验中在特氟龙容器底部放置陶瓷小片的两种可行方式：(a)Pt 线和(b)Pt 箔

样品表面积与水体积之比保持在 1∶10，通常保持 28d。在 3d 和 14d 后，去掉浸出液，重新换上新的去离子水。样品用去离子水和乙醇清洗。用光谱设备分析 3d、14d 和 28d 浸泡后浸出液中的锕系核素(Sobolev and Belyaev，2002)。吸附在容器上的锕系核素用浓酸清洗下来，28d 后进行测量。然后，3d 和 14d 后释放的 Pu 和 Am 的活度需要修正。修正方法是假设在最开始的 14d 里，吸附的量随时间呈线性变化。因为陶瓷溶解度很低，3d 和 14d 后可以不必增加样品量而完成浸出实验。归一化 Pu 质量损失(normalised Pu mass loss，NL)是一个浸出率相对测量值，可用如下公式计算：

$$NL = \frac{A}{A_0}\frac{W_0}{S} \tag{5.6.2}$$

式中，A 为浸出液锕系核素总放射性活度(Bq)；A_0 为样品中锕系核素最初的放射性活度(Bq)；W_0 为样品最初质量(g)；S 为没有考虑空隙率的样品外表面积(m^2)。MCC-1 浸出实验测得的部分数据见表 5.6.2。

表 5.6.2　^{238}Pu 掺杂氧化钆稳定立方氧化锆基陶瓷(9.9% ^{238}Pu)、锆石基陶瓷(4.6% ^{238}Pu)、Ti-烧绿石基陶瓷(8.7% ^{238}Pu)基质在浸出实验后(在 90℃去离子水中浸泡 28d)的归一化的 Pu 质量损失(NL(Pu))，数值与累积剂量相关(Burakov et al.，2009)

样品	^{238}Pu 掺杂陶瓷的累积剂量 /(×10^{23} α衰变/m^3)	NL(Pu)/(g/m^2)	等同于 ^{238}Pu 陶瓷的储存年限
密度为 5.6g/cm^3 的立方氧化锆基陶瓷(理论密度的 96%)	11	0.04	30
	56	0.35	140
	81	0.37	200
	127	0.24	320
密度为 4.4g/cm^3 的锆石基陶瓷(理论密度的 93%)	7	0.01	30
	31	0.04	150
	43	0.05	210
	66	0.04	330
密度为 4.9g/cm^3 的 Ti-烧绿石基陶瓷(理论密度的 82%)	29	0.22	80
	49	0.28	140
	100	0.84	280
	133	1.93	380

静态浸出实验发现包含有独立锕系相的陶瓷有高的浸出率(Burakov et al.，2001；Nikolaeva and Burakov，2002)。然而，MCC-1 实验并不能帮助筛选化学稳定性更高的陶瓷,原因是许多不同的样品拥有类似并且比较低的锕系核素溶出量。例如，掺杂 ^{239}Pu(5%～10% Pu)的 Ti 基烧绿石$(Ca, Gd, Hf, Pu, U)_2Ti_2O_7$ 陶瓷、锆石/氧化锆$(Zr, Pu)SiO_4/(Zr, Pu)O_2$ 陶瓷和立方氧化锆$(Zr, Gd, Pu)O_2$ 陶瓷进行数十次浸出实验(90℃下 28d，去离子水)的结果相似，NL=10^{-4}～10^{-3}g/m^2。这些数据与 ^{239}Pu 掺杂的基于钙钛锆石和烧绿石的多相 Ti 基陶瓷(Hart et al.，2000)和单相的 TPD 陶瓷(Dacheux et al.，1999)有相似的结果。同样条件下，陶瓷中 ^{241}Am、^{238}Pu、^{238}U 的 NL 值一般至少 10 倍于 ^{239}Pu。这种情况在只掺杂了 0.1% ^{241}Am 的锆石/氧化锆、立方氧化锆和 Ti 基烧绿石陶瓷中也存在。对 NL(^{238}Pu)

来说，即使自辐照累积剂量比较低也是如此(表 5.6.2)。相反，标准浸出实验(90℃下 28d，去离子水)发现非放锕系核素替代物如 Ce、Eu、Gd 的 NL 值通常只有 10^{-5}～10^{-4}g/m^2。

显然，蒸馏水和去离子水里完成的浸出实验并不能帮助理解地质处置条件下陶瓷固化相的行为。地下水是含有来自基岩的不同离子的饱和水溶液。它位于 300m 到 1～2km，可能会和包含锕系核素的废物发生接触。为了模拟含离子的饱和溶液和锕系核素掺杂陶瓷的相互作用，需要使用锕系核素掺杂的粉末陶瓷样品(Burakov and Anderson，2002)。实验在 90℃或更高的温度下完成，使用模拟潜在处置场所的地下水溶液(图 5.6.4)。实验持续进行了 3～6 个月。陶瓷粉末相的成分用 XRD 来表征。块状地下岩石样品和单一矿物颗粒一起研究，用于比较锕系核素吸附作用。同时研究了岩石样品中的新相和溶液中的锕系核素含量。用单块岩石(花岗岩)做的容器和取代粉末样品的固体压片实验也已完成(图 5.6.5)。这样可以研究发生在基岩中的锕系核素溶出和吸附过程。实验后，该花岗岩容器用金刚石锯开，每一部分都用放射自显影技术和光学显微镜研究。如果锕系核素在基岩上特定的矿相上重新分布，就会被观察到。

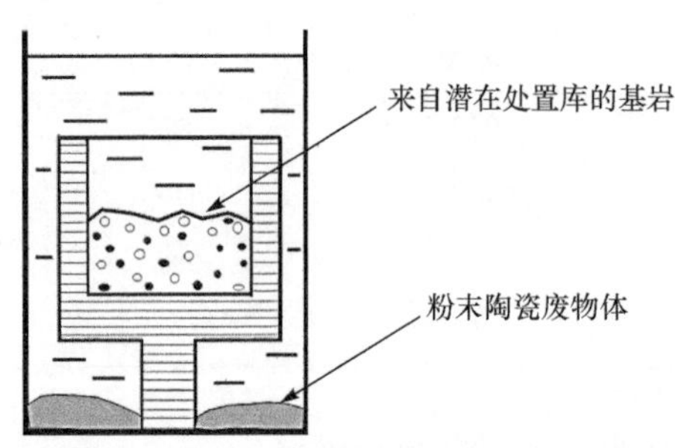

图 5.6.4　蚀变吸附实验的横截面示意图，离子饱和溶液模拟地下水(Burakov and Anderson，2002)。实验后，蚀变的岩石和锕系核素掺杂陶瓷用 XRD 分析，以确认出现的新相。研究蚀变岩石里的单矿相，以了解锕系核素吸附情况

图 5.6.5　锕系核素吸附溶出实验用的花岗岩材质特殊容器。锕系元素掺杂陶瓷小片被置于容器底部，里面加满蒸馏水后密封。实验在高于 90℃下持续数月

参 考 文 献

ASTM C1220-92. 1995. Standard Test Method for Static Leaching of Monolithic Waste Forms for Disposal of Radioactive Waste[S]. Philadelphia: American Society for Testing and Materials, 710-724.

Bousfield B. 1992. Surface Preparation and Microscopy of Materials[M]. New York: John Wiley& Sons.

Burakov B E. 1993. A study of high-uranium technogeneous zircon (Zr,U)SiO_4 from Chernobyl 'lavas' in connection with the problem of creating a crystalline matrix for high-level waste disposal[J]. Proceedings of Meetings for SAFE WASTE'93, Avignon, France, 2: 19-28.

Burakov B E. 2000. KRI Studies of the US Pu Ceramics[B506203][C]//Proceedings of the 3rd Annual Meeting for Coordination and Review of LLNL Work, St. Peterburg.

Burakov B E, Anderson E B, Galkin B Ya, et al. 1994. Study of chernobyl "hot" particles and fuel containing masses: Implications for reconstruction of the initial phase of the accident[J]. Radiochimic Acta, 65:199-202.

Burakov B E, Anderson E B. 2002. Durability of Actinide Ceramic Waste forms under Conditions of Granitoid Rocks[R]. Washington: Office of Scientific & Technical Information .

Burakov B E, Anderson E B, Zamoryanskay M V, et al. 2001. Synthesis and Study of ^{239}Pu-doped ceramics based on zircon, (Zr,Pu)SiO_4, and hafnon, (Hf,Pu)SiO_4[C]//Scientific Basis for Nuclear Waste Management XXIV, Materials Research Society Symposium Proceedings, 663:307-313.

Burakov B E, Anderson E B, Yagovkina M , et al. 2002a. Behavior of ^{238}Pu-doped ceramics based on cubic zirconia and pyrochlore under radiation damage[J]. Journal of Nuclear Science and Technology, 39(sup3):733-736.

Burakov B E, Hanchar J M, Zamoryanskaya M V, et al. 2002b. Synthesis and investigation of Pu-doped single crystal zircon, (Zr,Pu)SiO_4[J]. Radiochimica Acta, 89:1-3.

Burakov B E, Shabalev S I, Anderson E B. 2003. Principal Features of Chernobyl Hot Particles: Phase, Chemical and Radionuclide Compositions[M]//Barany S. Role of Interfaces in Environmental Protection. Dordrecht, Boston. London: Kluwer Academic Publishers, 24:145-151.

Burakov B E, Garbuzov V M, Kitsay A A, et al. 2007. The use of cathodoluminescence for the development of durable self-glowing crystals based on solid solutions YPO_4-$EuPO_4$[J]. Semiconductors, 41(4):427-430.

Burakov B E, Yagovkina M A, Zamoryanskaya M V, et al. 2008. Self-irradiation of ceramics and single crystals doped with Pu-238: Summary of 5 years of research of the V.G. Khlopin Radium Institute[J]//Scientific Basis for Nuclear Waste Management, Materials Research Society Symposium Proceedings, 1107: 381-388.

Burakov B E, Domracheva Y V, Zamoryanskaya M V, et al. 2009. Development and synthesis of durable self-glowing crystals doped with plutonium[J]. Journal of Nuclear Materials, 385(1):134-136.

Chesters J H. 1983. Refractories: Production and Properties[M]. London:Materials Society.

Cullity B D. 1956. Elements of X-Ray Diffraction[J]. New York:Addison Wesley.

Dacheux N, Thomas A C, Chassigneux B, et al. 1999. Study of $Th_4(PO_4)_4$ P_2O_7 and solid solutions with U(IV), Np(IV) and Pu(IV): Synthesis, characterization, sintering and leaching tests[J]. MRS Proceedings , 556:85-92.

Goldstein J I, Newbury D E, Echlin P, et al. 1981. Scanning electron microscopy and X-ray microanalysis[J]. European Journal of Cell Biology, 70(4):198-202.

Hart K P, Zhang Y, Loi E, et al. 2000. Aqueous durability of titanate ceramics designed to immobilize excess plutonium[J]. MRS Proceedings, 608:353-358.

Kinoshita H, Kuramoto K I, Uno M, et al. 2006. Mechanical integrity of yttria-stabilised zirconia doped with Np oxide[J]. MRS Proceedings, 647-654.

Lee W E, Rainforth W M. 1994. Ceramic Microstructures: Property Control by Processing[M]. London: Chapman and Hall: 604.

Lutze W, Ewing R C. 1988. Radioactive Waste Forms for the Future[M]. Amsterdam: North- Holland Physics Publishing.

Nikolaeva E V, Burakov B E. 2002. Investigation of Pu-doped ceramics using modified MCC-1 leach test[J]. MRS Proceedings, 713:429-432.

Ojovan M I, Lee W E. 2006. An introduction to nuclear waste immobilisation[J]. Materials Today, 9(3):55.

Roberts E W, Robinson P C. 1955. Light microscopy of ceramics[J]. Microscopy, 140:137-158.

Sobolev I A, Belyaev E N. 2002. Guidelines on Environmental Radioactivity Control[M]. Moscow: Meditzina, 432.

Strachan D M. 2001. Glass dissolution: Testing and modeling for long-term behavior[J]. Journal of Nuclear Materials, 298(1):69-77.

Strachan D M, Scheele D M, Icenhower J P, et al. 2004. Radiation damage effects in candidate ceramics for plutonium immobilization: Final Report[R]. Richland: PNNL.

Strachan D M, Scheele R D, Buck E C, et al. 2005. Radiation damage effects in candidate titanates for Pu disposition: Zirconolite[J]. Journal of Nuclear Materials, 345(2-3):109-135.

Strachan D M, Scheele R D, Buck E C, et al. 2008. Radiation damage effects in candidate titanates for Pu disposition: Zirconolite[J]. Journal of Nuclear Materials, 372:16-31.

Wachtman J B, Cannon W R, Matthewson M J. 1996. Mechanical Properties of Ceramics[M]. New York: John Wiley&Sons.

Zamoryanskaya M V, Burakov B E. 2004. Electron Microprobe Investigation of Ti-pyrochlore Doped with Pu-238 [J]. MRS Proceedings: 231-236.

Zamoryanskaya M V, Burakov B E. 2006. Cathodoluminescence of actinide ions in crystalline host phases[C]//Proceedings of the 8th Actinide Conference, Manchester: 767-769.

Zamoryanskaya M V, Burakov B E, Bogdanov R V, et al. 2002. A cathodoluminescence investigation of pyrochlore, $(Ca,Gd,Hf,U,Pu)_2Ti_2O_7$, doped with ^{238}Pu and ^{239}Pu[J]. MRS Proceedings, 713:418-483.

Zamoryanskaya M V, Konnikov S G, Zamoryanskii A N. 2004. High-sensitivity system for cathodoluminescent studies with the camebax electron probe microanalyzer[J]. Instruments and Experimental Techniques, 47(4):477-483.

第6章　辐照损伤

辐照损伤及其对材料的影响已被广泛研究(Holmes-Siedle and Adams，2002)。最初，主要研究金属(Thompson，1969)，后来关注无机材料(Lehmann，1977)。Lee等(1983)总结了辐照损伤早期理论，包括辐照中点缺陷的产生、缺陷团的成核和生长以及蓝宝石中缺陷微结构的演化过程，如间隙原子聚集而形成的位错及空位和氦气、氩气聚集形成的孔洞和气泡(Lee et al.，1985)。最近，Was(2007)讨论了金属中的辐照效应。研究辐照损伤的实验方法包括：

(1) 表征反应堆或其他设施中取出的样品(如被中子、α、β、γ等原位辐照的样品)。

(2) 研究离子加速器非原位辐照过的样品。

(3) 在透射电子显微镜里用高能电子束或者附加在电镜上的加速器提供的离子辐照样品(串列设施)。

(4) 把放射性核素掺入材料中得到原位辐照或自辐照。

这些实验方法各有优缺点，所有实验都富于挑战而且费用昂贵。因此，模型化以及模拟技术被广泛发展来支持经验数据，减少了真实实验所需要的工作。

过去30年计算机模拟技术在核领域被大量使用。常用技术包括能量最低原理(Burnstall，1979；Leslie，1982；Grimes and Catlow，1991)、分子动力学(Parfitt and Grimes，2008)和第一性原理模拟(Kotomin et al.，2009)。例如，英国哈维尔实验室提出的能量最小化程序“CASCADE”(Burnstall，1979)已经广泛用于模拟陶瓷材料中缺陷过程(Busker et al.，1999)。分子动力学方法是预测离子扩散过程的有效技术，适用于高温，同时能预测扩散机制，而这点在实验中难以评估。

提高极端环境如辐照、高温、高压下材料的性能是很重要的。模拟技术和实验一起用来研究抗辐照的陶瓷材料(Sickafus et al.，2000)。模拟研究的优点是它能更好地用来理解辐照损伤的本质，提供设计抗辐照损伤陶瓷的方法(Sickafus et al.，2007)。例如，用模拟的方法预测烧绿石材料耐辐照性能与无序效应相容性相关(Sickafus et al.，2000)。陶瓷中容易形成的缺陷更好地阻止辐照导致的非晶化(Sickafus et al.，2000)。这些研究可以更好地找出锕系核素和其他放射性废物材料的固化体。通过原子层面的模拟技术，可以研究不同组分的材料，引导实验研究更有潜力的体系。

最近，纳米复合材料在辐照下的行为成为研究热点(Demkowicz et al.，2008)。界面被认为可吸收辐照产生的缺陷以及注入的元素，如 He(Misra et al.，2007；Demkowicz et al.，2008)。大多数模拟工作着重于金属-金属复合物(Misra et al.，2007；Demkowicz et al.，2008)，这些研究充分证明使单位体积晶界的面积最大化可以产生耐辐照材料。

反应堆中由于裂变反应，经常在 UO_2 中产生难溶的气体原子，如 Kr 和 Xe。此外，He 对混合氧化物燃料、含次锕系核素的 IMF 以及长期处置的核燃料来说是个大问题。这些气体原子会在 UO_2 中形成微观的气泡(Nixon and Macinnes，1981)。Kr、Xe 和 He 气泡聚集于晶界处，导致燃料性能下降(Ferry et al.，2006)。通过经典分子动力学模拟可以研究α衰变产生的辐照损伤与裂变气泡发生的相互作用，这是研究晶粒内和晶粒间气泡的主要解决手段(Parfitt and Grimes，2008；2009)。支撑这些相互作用的机制对理解燃耗深的燃料表现和 MOX 核燃料的模型很重要(Parfitt and Grimes，2008；2009)。

掺入放射性核素的材料因为衰变会发生原位的自辐照。锕系核素固化晶体材料在α衰变自辐照下的长期行为难以模拟。辐照效应在天然矿物中表现出蜕晶化行为，如辐照下发生非晶化(Ewing et al.，1987)。这些矿物天然含有放射性核素，积累了大剂量的自辐照，导致材料从晶态到损伤态。辐照损伤经常用 XRD、电子衍射和 TEM 方法表征(图 6.1.2、图 6.2.4、图 6.2.5、图 6.2.6 和图 6.2.9)。此外，晶体结构的损伤可以通过 CL(图 5.3.2)和 NMR(Farnan et al.，2007)观察到。晶体结构虽然经常发生损伤，但并不总是伴随着化学稳定性的下降(表 5.6.2)，肿胀(密度下降)和在多相及单相晶体陶瓷中产生裂纹(图 5.2.5、图 5.4.1、图 5.4.2 和图 6.1.1)。在某些情况下，晶体材料中形成的裂纹与在高剂量α自辐照下的玻璃固化体中发现的裂纹类似(Weber et al.，1979)。

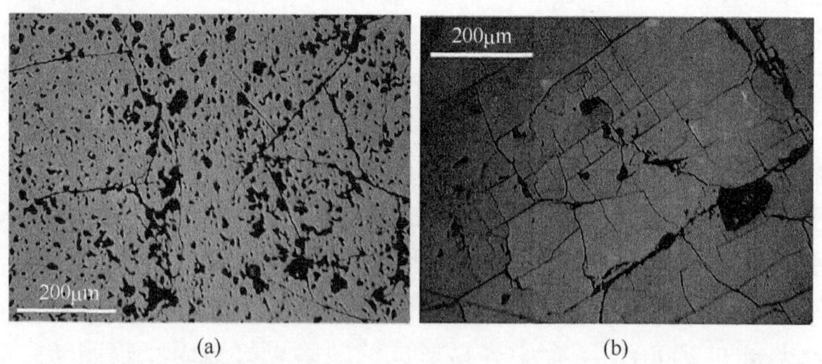

图 6.1.1 (a)^{238}Pu 掺杂的烧绿石基陶瓷(Ca，Gd，Pu，U，Hf)$_2$Ti$_2$O$_7$(8.7% ^{238}Pu)，累积剂量达到 26×10^{23} α衰变/m^3；(b)锆石单晶(2.4% ^{238}Pu，平均含量)，累积剂量达到 7.5×10^{17}α衰变/g

用计算机模拟研究锆石在遭受单粒子α衰变后的结构变化发现，辐照损伤导致聚合、剪切变形和晶胞肿胀等复杂现象(Trachenko et al.，2002)。

有关晶体陶瓷材料中的辐照效应的详细综述已有报道(Weber et al.，1998)。α衰变释放能量为 4.5～5.8MeV 的α粒子，同时释放能量为 70～100keV 的反冲核(Ewing et al.，2004)。α粒子和反冲核与原子晶格发生相互作用产生损伤。α粒子主要通过电离过程沉积能量，而反冲核通过与固体中的原子核发生弹性碰撞损失大部分能量(Ewing et al.，2004)。累积辐照剂量可用单位体积α衰变次数(α-decay/m^3)(用于多晶材料的比较)或者单位质量α衰变次数(α-decay/g)(用于密实的单相化合物包括单晶)衡量。另一个累积剂量通用单位是 dpa。以 dpa 为单位计算的累积剂量可从以下公式得出：

$$\text{Dose}=\frac{1500DM}{N_{\text{f}}N_{\text{A}}}\quad (\text{dpa}) \tag{6.0.1}$$

式中，1500 是一次α衰变中反冲核与原子平均碰撞次数；D 是总衰变次数；M 是化合物分子质量；N_f是化合物分子式中总原子数；N_A是阿伏伽德罗常数。

室温下辐照(根据不同累积剂量和能量)的原始晶体结构会发生以下变化：

(1) 保持不变(单斜、四方、立方氧化锆，(Zr，…)O_2；某些独居石，(Ce，La，Eu，…)PO_4)。

(2) 转换成另一种晶体结构(如 $Gd_2Zr_2O_7$ 烧绿石会转变为萤石型立方结构)(Wang et al.，1999)。

(3) 非晶化或者蜕晶化(锆石；Ti 基烧绿石；钙钛锆石；Pu 独居石 $PuPO_4$；磷钇矿 YPO_4；铝酸盐和高铁酸盐石榴石；莫他石)。

温度升高(辐照过程中)会抑制辐照损伤效应，使得损伤结构修复。这个过程与辐照后热处理(退火)类似。如果非晶化速率小于或等于损伤修复速率，晶体结构不会完全损伤(Ewing et al.，2004)。每个晶体化合物都有对应的临界温度 T_c。温度在 T_c 之上时，辐照损伤不能导致非晶化。对一些独居石和磷灰石类物质，临界温度 T_c 与室温接近，使得缺陷很容易快速热退火，从而晶体结构遭受任何辐照损伤都会修复。

辐照过程中也可引起损伤修复，例如，非晶氟磷灰石在受辐照后会发生再结晶(Meldrum et al.，1997a)；再如，La 独居石、$ScPO_4$ 和锆石在电子束辐照下也会发生再结晶(Meldrum et al.，1997b)。天然含 U 的 Zr 基硅酸盐凝胶(1.4.14 节)表现出不同寻常的长期稳定性和化学稳定性。这个现象可能归结于以下两个原因：

(1) 自辐照驱动凝胶结晶化为含 U 锆石。

(2) 结晶锆石发生蜕晶化(非晶化)回到凝胶状(Burakov et al.，2006)。

高放射性锕系核素掺杂的材料(固体溶质包含不同质量分数的 Pu、Am、Np、Cm)的辐照损伤过程有许多不同之处：

(1) 未掺杂相(外部重离子辐照模拟的α辐照)。

(2) 掺杂了少量高放射性锕系核素(小于 0.5%)的固化相。

(3) 掺杂了相当大数量低放射性锕系核素(U、Th)的固化相。

因此，通过上述方法经验性地证实真实固化体中的辐照效应是很困难的。这种困难在天然和人工锆石研究中有所体现。掺杂了百分之几 ^{238}Pu 的人工锆石(Zr，Pu)SiO_4 在空气环境下放置 6～10 年后的晶体结构损伤与含有 0.01%～0.1% U 和 Th 的天然锆石 $ZrSiO_4$ 经过数百万年辐照达到相似剂量产生的非晶化类似。一个比较小的差异在于天然锆石最初损伤阶段，与缺陷退火过程有关(Murakami et al.，1991)。然而，水热条件下掺杂 ^{238}Pu 的锆石的高损伤非晶样品的损伤修复过程与非晶的天然锆石在类似累积剂量的损伤修复过程完全不一样(Geisler et al.，2005)。

另一个不确定处在于固化相中的临界锕系核素含量。这个含量会影响固体晶格在遭受自辐照时的耐辐照性(Polezhaev，1974)。例如，包含 10%以上的 U 和 Th 的天然独居石(Ce，La，Th，U)PO_4 在高剂量自辐照情况下仍然是晶态的。这点与掺杂 8%的 ^{238}Pu 的人工独居石(La，Pu)PO_4 在遭受相当辐照剂量情况下表现出耐辐照性一致。同时，Pu 独居石 $PuPO_4$ 在自辐照条件下不稳定，比较低的辐照剂量就会非晶化(Burakov et al.，2004a)。

锆石和独居石的研究表明，辐照损伤效应不仅与材料晶体结构本身性质和累积剂量有关，还与固体化学组分有关。未掺杂的烧绿石 $Gd_2Ti_2O_7$ 和 $Gd_2Zr_2O_7$ 的离子辐照效应表现出不同结果。Ti 基烧绿石会发生非晶化，而 Zr 基烧绿石保持晶态。尽管它的结构会转变为萤石相(Wang et al.，1999)，然而，锕系核素掺杂的 Ti 基和 Zr 基烧绿石在α衰变自辐照下的行为与离子辐照条件下未掺杂的烧绿石的行为不一致。α衰变自辐照导致掺杂锕系核素的 Ti 基烧绿石固体基质损坏，在材料最终完全非晶化前形成了许多新的承载锕系核素的相(Zamoryanskaya and Burakov，2004)。^{238}Pu 掺杂的 Ti 基烧绿石在最终非晶化前在 250℃下观察到了内生的钙钛锆石相(Strachan et al.，2005)。该过程原因尚不清楚。掺杂锕系核素的 Zr 基烧绿石会转化为立方萤石结构，同时会生成许多独立的含锕系核素的相。天然的部分非晶化的榍石提供了更多证据。含 0.04%～0.08% U 和 Th 的榍石 $CaTiSiO_5$ 在自辐照条件下会形成两种同样结构但含有不同缺陷和不同浓度放射性掺杂物的榍石相(Chrosch et al.，1998)。

辐照损伤还会导致锕系核素价态发生变化(Zamoryanskaya et al.，2002)，这会影响固体晶格结构和相稳定性。大剂量自辐照下掺杂锕系核素的材料中聚积的氦会影响材料力学稳定性。此外，锕系核素衰变产生的子体可能会对基体材料产生与原来锕系核素完全不同的影响。

本章将回顾两种常用的模拟辐照损伤方法：外部离子辐照和内部掺杂短寿命核素，如 ^{238}Pu(半衰期 87.7 年)和 ^{244}Cm(半衰期 18.1 年)。

6.1 离子辐照

对无放射性或低放射性晶体材料进行离子辐照，如用 Ar^+、Kr^{2+}、Xe^+、He^+和 Au^{3+}辐照，可以用来评估材料对α辐照损伤的耐辐照性能。通常，不会用这种方法来研究大尺寸陶瓷和单晶样品，而只用在小(毫米量级)样品上。通过结合电子衍射的高分辨透射电子显微镜研究辐照样品(图 6.1.2)。样品从完全晶态(图 6.1.2(a))到完全非晶态(图 6.1.2(d))经过许多中间状态(图 6.1.2(b)和 6.1.2(c))。离子辐照也可以在不同温度下进行，以确认材料非晶化临界温度(T_c)。

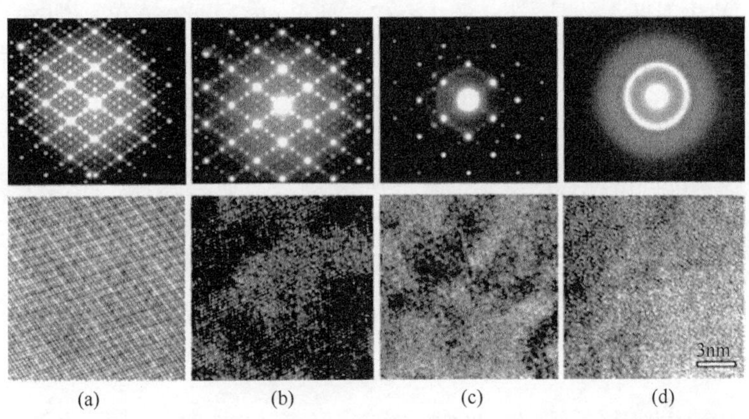

图 6.1.2 莫他石(Ca，Mn，U)$_5$(Ti，Zr)$_8$(Al，Fe)$_2$O$_{27}$的电子衍射图(上排)和高分辨图像(下排)，样品经过 Kr^{2+}辐照，温度 25℃，不同剂量(10^{13} ions/cm^2，以 dpa 表示)：(a)未辐照样品；(b)4.38(0.035)；(c)9.39(0.075)；(d)15.6(0.125)(Lian et al.，2005)。图片由俄罗斯矿床地质研究所(Institute of Geology of Ore Deposits，IGEM)的 Yudintsev 博士提供

离子辐照已应用在许多陶瓷材料上：锆石和铪石(Weber et al.，1994)；$ThSiO_4$(Meldrum et al.，1999)；含 La、Pr、Nd、Sm、Eu 和 Gd 的独居石结构磷酸盐和含 Lu 锆石结构的磷酸盐(Meldrum et al.，1997c)；烧绿石固溶体 $Gd_2(Ti,Zr)_2O_7$，包括 $Gd_2Ti_2O_7$ 和 $Gd_2Zr_2O_7$(Wang et al.，1999)；立方和单斜结构氧化锆(Degueldre et al.，1997；Sickafus et al.，1999；Wang et al.，2000)；莫他石(Lian et al.，2005)；硅酸盐磷灰石 $Ca_2La_8(SiO_4)_6O_2$(Wang and Weber，1999)；磷硅酸盐磷灰石 $Ca_7Nd_3(SiO_4)_3(PO_4)_3F_2$ 和 $Ca_9Nd(SiO_4)(PO_4)_5F_2$(Soulet et al.，2001)；氟磷灰石 $Ca_{10}(PO_4)_6F_2$ 和羟基磷灰石 $Ca_{10}(PO_4)_6(OH)_2$(Soulet et al.，2001)；TPD，$Th_4(PO_4)P_2O_7$(Pichot et al.，2001)；硅酸盐和含 Zr 的高铁酸盐石榴石(Utsunomiya et al.，2002)。

离子辐照研究的主要结论如下：

(1) 晶体材料中的辐照损伤过程通常包括几个阶段，在结构简单的化合物中也是如此。

(2) 立方和单斜的氧化锆及烧绿石结构的锆酸盐耐辐照性能好。

(3) 尽管不同的有潜力的锕系核素固化相展示了离子辐照条件下不同的耐辐照性能，这些数据并不能直接用作区分最可靠的锕系核素固化的固化相的证据。

(4) 这种方法不能给出理解真实高放射性锕系核素固溶体在辐照损伤情况下稳定性的有效信息。

6.2　^{238}Pu 和 ^{244}Cm 掺杂

^{238}Pu 的放射性大约是 ^{239}Pu 的 270 倍，是 ^{237}Np 的 24000 倍。^{244}Cm 放射性是 ^{241}Am 的 24 倍，^{243}Am 的 400 倍(表 1.1.2)。用 ^{238}Pu 和 ^{244}Cm 可加快辐照损伤实验进度，来模拟掺杂了四价和三价长寿命锕系核素固化相的长期行为。这种方法的主要优势在于可以制备宏观样品(尺寸 1mm 到几厘米的陶瓷片和单晶)，可以研究真实锕系核素的固溶体在高累积剂量自辐照条件下的行为。该方法缺点是处理大量的 ^{238}Pu 和 ^{244}Cm 是一个现实困难。世界上只有少数几家实验室有资质大量使用这些核素，如从几十到几百毫克。

下面总结用上述方法研究陶瓷辐照损伤的一些结果。

6.2.1　锆石/氧化锆和铪石/氧化铪陶瓷

PNNL 合成并研究了掺杂 10% Pu(所有同位素)或 8.85% ^{238}Pu 的多晶锆石(Zr，Pu)SiO_4(密度约 4.7g/cm^3)(Exharos，1984；Weber，1991)。用中子衍射(Fortner et al.，1999)和 NMR(Farnan et al.，2007)研究这些样品。SEM 和 EPMA 的实验结果没有报道。该锆石样品在经过 6.7×10^{18} α衰变/g 或者 300×10^{23}α衰变/m^3 后在 X 射线衍射中呈现非晶态。中子衍射结果表明在完全非晶的材料中仍然存在局域的锆石结构单元，没有相分离或者再结晶。

KRI 制备了掺杂 ^{238}Pu 的锆石/氧化锆陶瓷(Zr，Pu)SiO_4/(Zr，Pu)O_2(密度 4.4g/cm^3)(Burakov et al.，2001；Geisler et al.，2005)。XRD 结果表明该样品包含大约 85%的锆石和 15%的立方氧化锆。EPMA 测得在锆石中的 Pu 总含量(全同位素)为 5.7%，相当于 4.6%～4.7% ^{238}Pu。立方氧化锆中的 Pu 含量没有测，因为晶粒尺寸太小(1～3μm)，不便于 EPMA 测量。经过 3.9×10^{18}α衰变/g 或者 190×10^{23} α衰变/m^3 累积剂量后，锆石在 X 射线衍射中呈现非晶态，而立方氧化锆相仍然保持它最初的结晶态(图 6.2.1)。锆石非晶化后，陶瓷片力学稳定性仍然很好，没有出现裂纹。几何测量没有发现密度变化。可能原因是肿胀效应被陶瓷孔隙率抵消。随后，该陶瓷片被用来研究 175℃水热条件下损伤修复情况(Geisler et al.，2005)。锆石晶体结构发生部分修复(图 6.2.1 中标记为 Exp.的光谱)，没有影响陶瓷的力学稳定性。一个单独陶瓷片用在重复静态浸出实验，实验结果发现在不同累积剂量下都呈现出化学稳定性(表 5.2.1)。

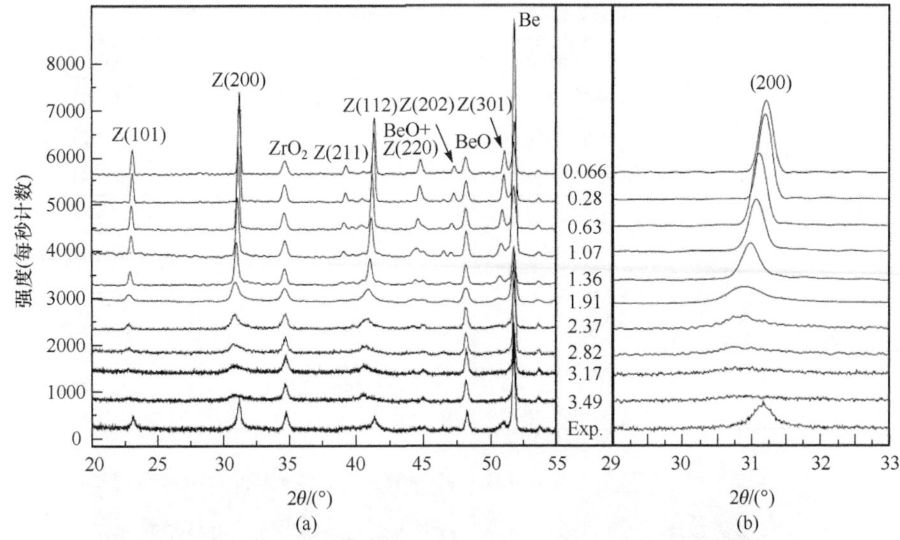

图 6.2.1 ^{238}Pu 掺杂的锆石/氧化锆陶瓷的 XRD 谱，样品经过不同的累积剂量(以 10^{18} α衰变/g 为单位)和 175℃下水热实验(标记为“Exp.”)：(a)全谱和(b)锆石(200)峰的细节。锆石(Z)、四方氧化锆(ZrO_2)和从 Be 窗(Be 和 BeO)的衍射峰标记在图中(Geisler et al.，2005)

2001 年俄罗斯 KRI 将其制备出的掺杂 ^{238}Pu 的锆石和铪石陶瓷样品用 XRD 分析手段反复研究。这些样品包含一系列混合物，如 3%～5%小的四方氧化锆(Zr，Pu)O_2、氧化铪(Hf，Pu)O_2 等。用在 XRD 分析(未研磨)样品中的薄的(0.5～1.0mm)陶瓷片，锆石密度是 3.7g/cm^3，铪石密度是 5.1g/cm^3。锆石和铪石晶胞参数随累积剂量变化关系如表 6.2.1 所示。6 年后，这些陶瓷片中的锆石和铪石相都变得非晶化(X 射线下)。通过有一个铍窗的密封盒中取出锆石后，在光学显微镜下进行观察，没有发现裂纹(图 6.2.2)。

表 6.2.1 ^{238}Pu 掺杂锆石和铪石晶胞参数的扩大与累积剂量的关系(未磨陶瓷微粒直接进行 XRD 分析)，每个样品中 ^{238}Pu 的含量大约为 4.7%

锆石		铪石	
累积剂量/(10^{23} α衰变/m^3)	晶胞参数(误差)/Å	累积剂量/(10^{23} α衰变/m^3)	晶胞参数(误差)/Å
1.4	a = 6.634(1) c = 6.001(1)	2	a = 6.608(1) c = 5.996(1)
14	a = 6.657(2) c = 6.029(4)	19	a = 6.629(1) c = 6.020(1)

续表

锆石		铪石	
累积剂量/(10^{23} α衰变/m^3)	晶胞参数(误差)/Å	累积剂量/(10^{23} α衰变/m^3)	晶胞参数(误差)/Å
22	a = 6.664(2) c = 6.039(4)	30	a = 6.643(1) c = 6.035(1)
39	a = 6.678(2) c = 6.045(4)	53	a = 6.671(2) c = 6.034(4)
53	a = 6.716(2) c = 6.084(4)	72	a = 6.677(—) c = 6.075(—)
66	a = 6.720(—) c = 6.091(—)	91	a = 6.646(—) c = 6.074(—)
77	a = 6.951(—) c = 6.039(—)	105	—

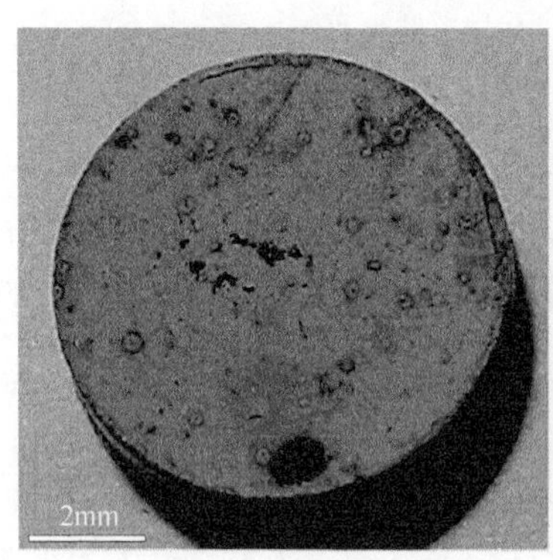

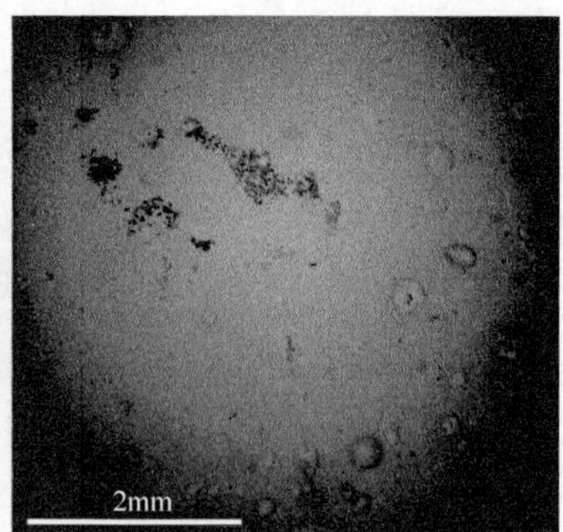

图 6.2.2　在样品制备 6 年后(累积剂量大约为 200×10^{23}α衰变/m^3)^{238}Pu 掺杂(大约 5% ^{238}Pu)的锆石陶瓷压片。锆石(根据 XRD 分析)发生非晶化。然而，陶瓷基质保持完整，没有裂纹

6.2.2　锆石单晶

2001 年，俄罗斯 KRI 用熔盐法(flux method)生长了掺杂 ^{238}Pu 的锆石单晶(图 5.2.3、图 5.2.5、图 5.4.1、图 5.4.2 和图 6.1.1(b))(Hanchar et al.，2003；Burakov et al., 2008)。用 γ 光谱测得其中部分单晶 ^{238}Pu 含量为 2.2%～2.6%。因此，2.4%^{238}Pu 被用作计算累积剂量的平均值。EPMA 测量发现 Pu(全同位素)分布不均匀(图 5.2.4 和表 5.2.1)。晶体合成后在最初几个月里会在黑暗中发光(图 2.4.1(a))。一块比较大的晶体(图 5.4.1)被放置在特殊的玻璃密封盒(图 5.4.2)中。这样可以用光镜反复观察许多年。自辐照使得晶体发生裂纹，颜色从粉棕色到棕色，再变到灰褐色、黄灰色和灰绿色。晶体周围生成了未确认的颗粒(图 5.4.1)，很可能是晶体在自辐

照下表面裂开的结果。另外，这个过程也可能是 Pu 分布不均匀引起的，特别是在晶体外边缘(表 5.2.1)。不均匀锕系核素分布在不导电固化材料中可能导致由电荷积累引起的力学性能下降(Kachalov et al.，1987；Ojovan and Poluektov，2001)。如今(2009 年)，这个晶体仍然放在密封匣内，没有观察到裂纹进一步增加。

挑选的晶体用α-SiO_2 晶体粉末(作为内标)研磨后得到较均匀的粉末，装在含有一个铍窗的密封匣内(图 5.1.1)，方便用 X 射线反复研究。锆石晶胞参数随累积剂量变化情况如表 6.2.2 所示。

表 6.2.2 锆石晶胞参数与累积剂量的关系。掺杂 2.4%(平均)^{238}Pu 的单晶 XRD 谱

累积剂量/(10^{17} α衰变/g)	晶胞参数/Å	
	a	*c*
0 (合成后立刻检测)	—	—
6.3	6.616(2)	6.006(3)
8.8	6.620(2)	6.013(3)
10	6.617(2)	5.987(3)
12	6.620(2)	6.008(3)
13	6.620(2)	6.017(3)
15	6.623(2)	6.011(3)
18	6.615(2)	6.012(3)
合成未掺杂的 $ZrSiO_4$， JCPDS 标准卡片 6-626	6.604	5.979

6.2.3 立方氧化锆陶瓷

俄罗斯 KRI 还合成了单相的掺杂 ^{238}Pu 的氧化钆稳定立方氧化锆(图 6.2.3)(Burakov et al.，2002a；2002b；2004b)。EPMA 表明陶瓷组分是 $Zr_{0.79}Gd_{0.14}Pu_{0.07}O_{1.99}$。

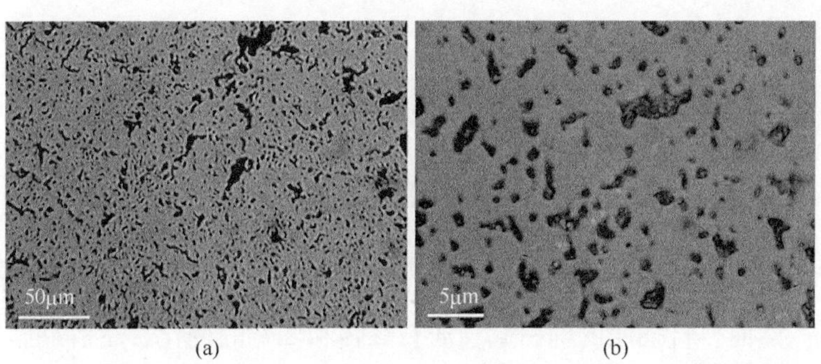

(a) (b)

图 6.2.3 单相立方氧化锆陶瓷 $Zr_{0.79}Gd_{0.14}Pu_{0.07}O_{1.99}$ 的反射光图像，样品掺杂了大约 9.9% ^{238}Pu(Burakov and Anderson，2002)。在累积剂量达到 509×10^{23} α衰变/m^3 后，基质微观结构没有变化，也没有形成裂纹

^{238}Pu 含量估计在 9.9%左右，密度是 5.6g/cm^3。经过累积剂量 509×10^{23} α衰变/m^3(或 8.7×10^{18} α衰变/g)辐照后，未观察到基体肿胀或者裂纹出现。该剂量下，立方氧化锆保持萤石晶体结构，SEM 下未观察到形成含 Pu 的新相。

认真分析 XRD 发现，立方氧化锆(111)晶面衍射随累积剂量变化，出现不同寻常的行为。在剂量(以 10^{23} α衰变/m^3 计)达到 3、27、62 和 110 后，这个峰看起来类似并且相当宽。然而，在剂量达到 134、188、234 和 277 后，峰强增加峰宽变窄(图 6.2.4)。α粒子自辐照立方氧化锆似乎存在两个过程，一个是在晶体结构中累积缺陷，另一个是环境条件下这些缺陷反复自退火。

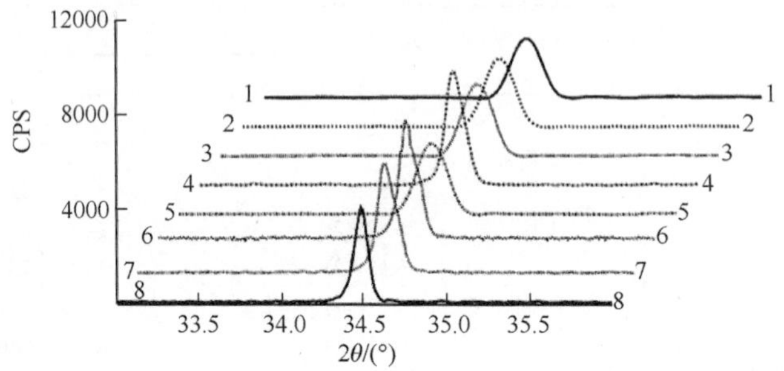

图 6.2.4　掺杂 9.9% ^{238}Pu 的 Gd 稳定的立方氧化锆的(111)XRD 衍射峰在累积不同辐照剂量(以 10^{23} α衰变/m^3 计)后的行为：(1)3；(2)27；(3)62；(4)110；(5)134；(6)188；(7)234 和(8)277(Burakov et al.，2004b)。CPS 表示每秒计数

氧化锆基质中 Pu 的归一化质量损失(NL_{Pu})(在 90℃的去离子水中做 28d 的浸出实验)从累积剂量 11×10^{23} α衰变/m^3 条件下的 0.04g/m^2 增加到 56×10^{23} α衰变/m^3 和 81×10^{23} α衰变/m^3 条件下的 0.35g/m^2 和 0.37g/m^2(表 5.6.2)。然而，进一步的氧化锆自辐照达到 127×10^{23} α衰变/m^3 时，NL_{Pu} 下降到 0.24g/m^2。

6.2.4　独居石陶瓷

KRI 还制备了掺杂 ^{238}Pu 的独居石陶瓷(Burakov et al.，2004a)。一个样品(密度 4.7g/cm^3)是单相的(La，Pu)PO_4，含有 8.1%的 ^{238}Pu。另一个样品(密度 4.9g/cm^3)由 70%～80%的独居石结构 $PuPO_4$ 和少量的 PuP_2O_7 组成。γ 光谱测得 ^{238}Pu 块体在其中的含量是 7.2%。

(La，Pu)PO_4 独居石在累积剂量达到 119×10^{23} α衰变/m^3 时仍然保持晶态(图 6.2.5)。然而，自辐照的确引起独居石峰强和峰宽的变化，尽管晶胞参数没有随累积剂量变化。

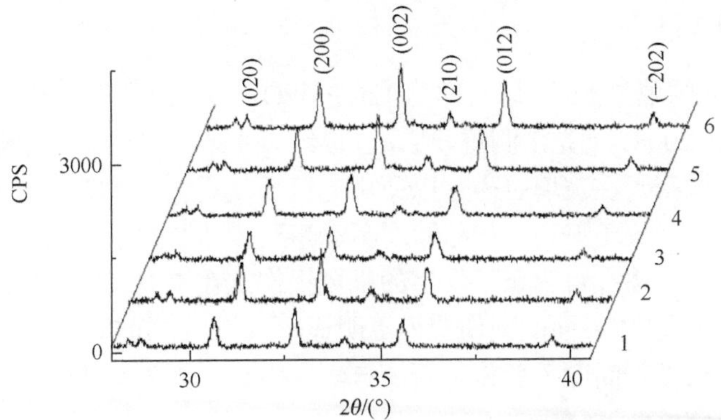

图 6.2.5　掺杂 8.1% ^{238}Pu 的 La 独居石(La，Pu)PO_4 的 XRD 谱与累积剂量(以 10^{23} α衰变/m^3 计)的关系：(1)1.5；(2)19；(3)47；(4)72；(5)93；(6)119(Burakov et al.，2004a)

与 La 独居石样品相反，Pu 磷酸盐样品在累积剂量达到相对比较小的 42×10^{23} α衰变/m^3 时几乎完全非晶化(图 6.2.6)。少量的 Pu 磷酸盐陶瓷 PuP_2O_7 在 $PuPO_4$ 之前发生非晶化。同时，Pu 磷酸盐陶瓷发生自辐照损伤导致肿胀和出现微区裂纹。样品在自辐照情况下颜色由深蓝色变成黑色。La 磷酸盐样品用类似的方法表征发现颜色由浅蓝色变成灰色，尽管目前还没有观察到肿胀和裂纹的形成。

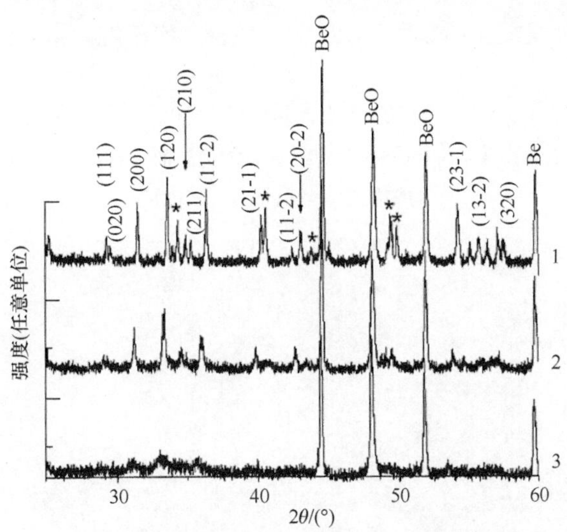

图 6.2.6　掺杂了 7.2% ^{238}Pu 的 Pu 独居石 $PuPO_4$ 的 XRD 谱与累积剂量(以 10^{23} α衰变/m^3 计)的关系：(1)1.3；(2)17 和(3)42。比较小的相 PuP_2O_7 的峰用(*)标记。BeO 和 Be 的峰是包盖样品的 Be 窗的(Burakov et al.，2004a)

6.2.5 独居石单晶

掺杂 ^{238}Pu 的单晶 Eu 独居石样品$(Eu,Pu)PO_4$ 于 2004 年初在俄罗斯 KRI 合成(Burakov et al., 2008)。γ 光谱测得 ^{238}Pu 含量约为 4.9%(或者约 6%，全同位素 Pu)。优选单晶样品被密封在玻璃匣内，以便用光镜反复观测。单晶合成 14 个月后(累积剂量约 1.1×10^{18} α衰变/g)，在晶体周围观察到了弥散的未知颗粒(图 6.2.7)。这可能是由于晶体表面在自辐照下发生的机械损伤。在 5.2×10^{18} α衰变/g 后(晶体合成 64.5 个月后)，晶体表面的损伤变得更明显(图 6.2.8)。起初，晶体呈透明的均匀粉紫色。目前很难判断颜色变化是否由自辐照引起，因为晶体表面已经变得模糊灰暗，呈现灰紫色。

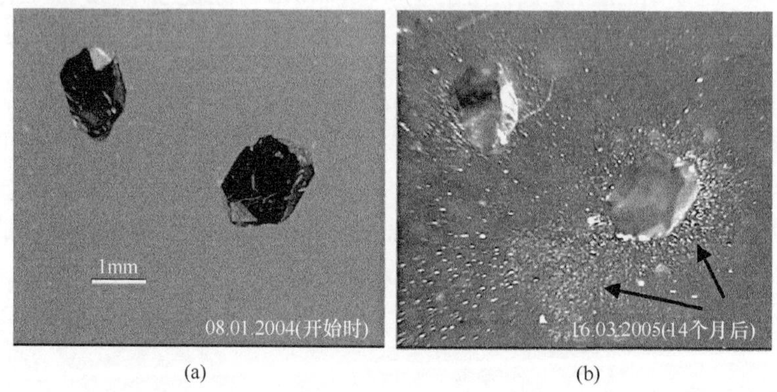

图 6.2.7　掺杂了 4.9% ^{238}Pu 的 Eu 独居石$(Eu,Pu)PO_4$单晶：(a)合成后马上测量和(b)14 个月后测量(累积剂量达 1.1×10^{18} α衰变/g)。箭头表示晶体周围形成了弥散的颗粒(Burakov et al., 2008)

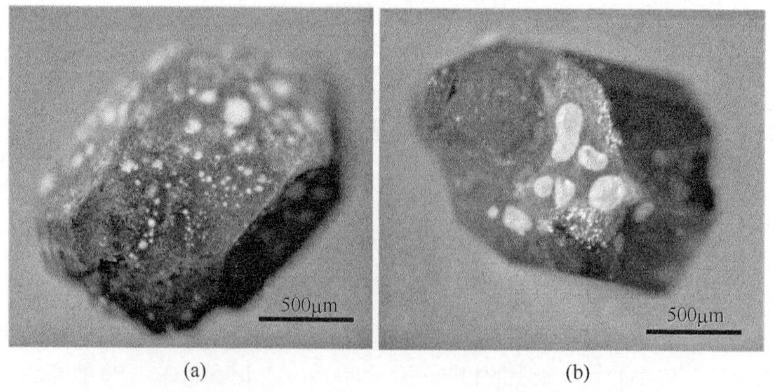

图 6.2.8　掺杂了 4.9% ^{238}Pu 的 Eu 独居石$(Eu,Pu)PO_4$单晶，在合成 64.5 个月后，累积剂量达 5.2×10^{18} α衰变/g 的表面损伤情况

6.2.6 Ti 基烧绿石陶瓷

PNNL 在 20 世纪 80 年代获得了掺杂约 3% ^{244}Cm 的多晶烧绿石 $(Gd,Cm)_2Ti_2O_7$。通过用 XRD、电子衍射和 TEM 对样品进行研究后(Weber et al., 1986)，发现在累积剂量达到 170×10^{23}～190×10^{23} α衰变/m^3 时发生非晶化。宏观肿胀率达到 5.1%。断裂韧度在累积剂量达到 70×10^{23}～80×10^{23} α衰变/m^3 时提高了大约 1.5 倍。然而，进一步的辐照又导致断裂韧度下降。静态浸出实验(去离子水，90℃，14d)表明，Cm 和 ^{240}Pu(^{244}Cm 的衰变产物)浸出率提高，这是自辐照导致的。归一化的质量损失(NL，g/m^2)都提高了：Cm 从 0.01 提高到 0.17，Pu 从 0.12 提高到 5.93。

随后 PNNL 开展了大量掺杂 ^{238}Pu 的钛烧绿石陶瓷研究工作(Strachan et al., 2000; 2002; 2004; 2005)。前驱体组分是 12.06% CaO，7.65% Gd_2O_3，10.88% HfO_2，0.10% MoO_3，12.31% PuO_2，36.17% TiO_2，20.82% UO_2。这些样品都是双相的，包含组分明显的烧绿石 $Ca_{1.13}Gd_{0.22}Hf_{0.12}Pu_{0.24}U_{0.40}(Ti_{1.90}Hf_{0.10})O_7$ 和铪金红石$(Hf_{0.1},Ti_{0.9})O_2$。烧绿石相经过累积剂量 1.0×10^{18}～2.3×10^{18} α衰变/g 后在 XRD 中呈现非晶态。尽管样品保持完整，其几何体积肿胀达到 7.4%。SEM 没有观察到明显的微区裂纹。有报道表明辐照损伤对材料的溶解度没有明显影响(Strachan et al., 2004)。样品存储在 250℃下发生了钙钛锆石的自生长，该过程在烧绿石发生非晶化之前发生。

此外，RIAR 合成了掺杂 8.7% ^{238}Pu 的 Ti 基烧绿石(样品按照与 LLNL 签署的协议制造)(Volkov et al., 2001)。根据 LLNL 要求，样品组分应当如下：9.9% CaO，7.8% Gd_2O_3，10.6% HfO_2，35.4% TiO_2，23.7% UO_2，12.6% PuO_2。根据 RIAR 的结果，该烧绿石在经过累积剂量 120×10^{23}～140×10^{23} α衰变/m^3 后在 X 射线衍射中呈现非晶态。部分 RIAR 样品被送到俄罗斯 KRI 做平行实验。俄罗斯 KRI 的表征工作在陶瓷合成 4 个月后开始，因而缺少 ^{238}Pu 掺杂的烧绿石最初的 XRD 和 EPMA 信息。累积剂量达到 57×10^{23} α衰变/m^3 后，EPMA 测得烧绿石组分开始变得不均匀：6.7～7.9% Ca，3.6～7.1% Hf，9.5～26.8% Pu，13.2～32.9% U，4.0～8.3% Gd，19.9～21.5% Ti (Burakov et al., 2002a; Zamoryanskaya et al., 2002)。估计该烧绿石化学式是 $Ca_{0.9}(U_{0.3\text{-}0.5}Pu_{0.2\text{-}0.5}Gd_{0.1\text{-}0.2}Hf_{0.1\text{-}0.2})Ti_2O_7$。在累积剂量达到 110×10^{23}～130×10^{23} α衰变/m^3 后，烧绿石几乎完全非晶化(图 6.2.9)。同时伴随密度相对下降约 10%(从 4.8g/cm^3 降到 4.3g/cm^3)。SEM 确认发现了被认为是新形成的$(U, Pu)O_x$ 和$(Hf, Ti, Ca)O_x$ 物质(Zamoryanskaya et al., 2002)。通过 SEM 反复观察(每三个月观察一次，持续数年)，发现上两种生成物随累积剂量增加而增加。同时，与纯 Ti 基烧绿石 $Gd_2Ti_2O_7$ 相比较，伴随着烧绿石(222)和(400)主峰移动到低角度方向(图 6.2.9)。推测是烧绿石最终非晶化前，自辐照引起$(Ca, Gd, Hf, Pu, U)_2Ti_2O_7$ 固溶物发生部分裂解，形成了不同的相。例如，杂质比较少的 Ti-烧绿石，特别是

U 和 Pu、(U，Pu)O_x 和(Hf，Ti，Ca)O_x(Zamoryanskaya et al.，2002)。俄罗斯 KRI(表 5.6.2)和 RIAR(Lukinykh et al.，2002)做了静态浸出实验，发现陶瓷样品在自辐照情况下化学稳定性下降。这些数据与 PNNL 结论相反(Strachan et al.，2004)。CL 谱表明烧绿石中的 U 价态发生变化，这是辐照损伤导致的。同时，发现铀酰离子如$(UO_2)^{2+}$、$(UO_4)^{2-}$增加(Zamoryanskaya et al.，2002)。

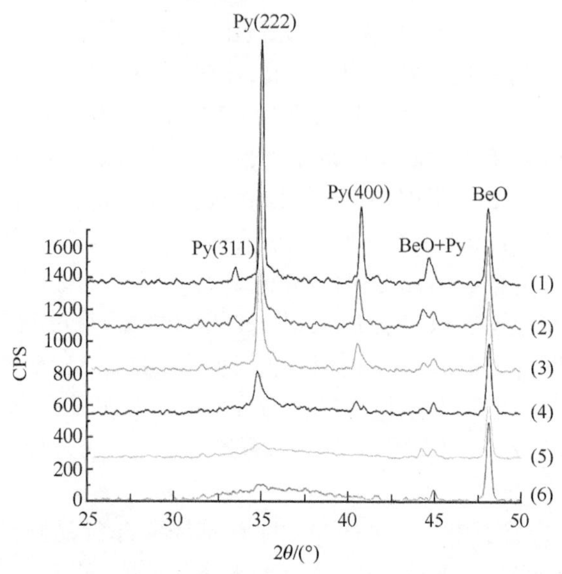

图 6.2.9　掺杂了 8.7% ^{238}Pu 的 Ti 基烧绿石的 XRD 谱随累积剂量(以 10^{23} α衰变/m^3 计)变化情况：(1)26；(2)43；(3)57；(4)82；(5)110 和(6)130。BeO 峰来自包盖陶瓷样品的 Be 窗；BeO+Py 表示 BeO 和烧绿石峰重叠(Burakov and Anderson，2002)

6.2.7　Zr 基烧绿石陶瓷

法国合成了锎锆烧绿石 $Cf_2Zr_2O_7$，晶胞参数 a =10.63(2)Å。法国原子能和替代能源委员会和 ORNL 的研究者用 XRD 对该样品进行了研究(Raison et al.,2002)。使用的 ^{249}Cf 半衰期是 351 年。放置 6 个月后，累积剂量达到 1.17×10^{18} α衰变/g，烧绿石峰消失，同时晶体结构转变为立方萤石型。据推测，该过程同时伴随着 Cf 的氧化，价态从 3+变为 4+。

RIAR 合成了烧绿石型陶瓷 $Gd_{1.935}Cm_{0.065}TiZrO_7$。该样品同时被俄罗斯莫斯科矿床地质研究所(Institute of Geology of Ore Deposites，Moscow，Russia，IGEM)和俄罗斯莫斯科科学工业协会“Radon”(Scientific and Industrial Association “Radon”，SIA “Radon”)用 XRD 研究(Yudintsev et al.，2009)。样品包含晶胞参数 a = 10.328(1) Å 的烧绿石和少量的 $ZrTiO_4$ 相，单斜 ZrO_2 相和钙钛矿相。合成 500d 后，累积剂量达到 2.46×10^{18} α衰变/g。烧绿石晶胞参数扩大到 10.399(10)Å。

累积剂量达到 3.3×10^{18} α衰变/g 后，XRD 表明样品主要包含 2 个相：Ti/Zr 基烧绿石相和少量 $Gd_2Zr_2O_7$ 烧绿石相。$Gd_2Zr_2O_7$ 的特征峰在 Ti/Zr 基烧绿石相几乎完全非晶化后仍能看到。970d 后，样品在 XRD 中呈现非晶态。此时，累积剂量达到 4.6×10^{18} α衰变/g。

6.2.8 钙钛锆陶瓷

PNNL 开展了掺杂 ^{244}Cm(约 3% ^{244}Cm)的钙钛锆石 Ca(Zr，Cm)Ti_2O_7 的 XRD 和 TEM 研究(Weber et al.，1986)。发现样品在累积剂量达到 210×10^{23}～230×10^{23} α衰变/m^3 后发生非晶化。体积肿胀达到 6%。与烧绿石类似(6.2.6 节)，累积剂量达到 80×10^{23}～90×10^{23} α衰变/m^3 时，断裂强度提高了 1.5 倍。随着自辐照过程继续，断裂强度又开始下降。静态浸出实验(去离子水，90℃，14d)表明，部分元素由于自辐照效应浸出率增加。Ca 的归一化质量损失(NL)提高了 8 倍，而 Pu(^{240}Pu 是 ^{244}Cm 的一种衰变产物)提高了 10 倍。NL_{Cm} 值无论在晶态还是非晶态样品中都保持在很低的水平，为 0.001g/m^3。

1987 年，哈维尔的 UKAEA 实验室合成了掺杂 ^{238}Pu 和 ^{244}Cm 的 Synroc-C(Hambley et al.，2008)。20 年后的 2007 年，样品遭受自辐照累积剂量达到约 1600×10^{23} α衰变/m^3。研究发现，微区裂纹仅在没有包含锕系核素的区域存在(如晶体锰钡矿 $BaAl_2Ti_8O_{16}$ 和结构类似于金红石 TiO_2 的(Ti，Al)$_xO_{2-x}$)。尚未开展对非晶的钙钛锆石和钙钛矿石中锕系核素含量的精确定量研究工作。然而，Pu 含量在钙钛锆石中是 1%～3%(原子分数)，在钙钛矿石中是 2%～4%(原子分数)。

在 PNNL 合成 Cm 掺杂的 ^{238}Pu 替代的立方钙钛锆石($CaPuTi_2O_7$)之前，LANL 合成了萤石结构的样品(尽管 $CaZrTi_2O_7$、Ca($Zr_{0.8}Pu_{0.2}$)Ti_2O_7 是单斜结构)(Clinard et al.，1982)。该样品在经受剂量达到 130×10^{23} α衰变/m^3 后，在 X 射线上呈现非晶态。非晶化引起材料肿胀(体积增加了 2.2%)，样品里特别是在样品边缘形成了微区裂纹(放置 24d 后就已观察到)。用电子衍射研究完全非晶的样品，除 PuO_2(陶瓷样品最初就存在的相)和 TiO_2(金红石)外，没有发现其他晶粒。研究者提到他们还合成了掺杂 ^{238}Pu 的单斜钙钛锆石 Ca($Zr_{0.8}Pu_{0.2}$)Ti_2O_7，但没有披露任何细节。

PNNL 后来开展了有关掺杂 ^{238}Pu 的钙钛锆石陶瓷的详尽研究工作(Strachan et al.，2002；2004；2008)。陶瓷样品含有 7.4%～11.26%的 PuO_2。该钙钛锆石(成分主要是钙钛锆石相)组分复杂，经计算确认为 $Ca_{0.86}(Al_{0.10}Gd_{0.05}Hf_{0.93}Pu_{0.13}U_{0.03})Ti_{1.86}O_{7.00}$ 或者 $Ca_{0.86}(Al_{0.10}Gd_{0.05}Hf_{0.79}Pu_{0.13}U_{0.03})(Hf_{0.07}Ti_{0.93})_2O_{7.00}$。然而，没有获得 EMPA 的定量数据。经过 740d，累积剂量达到 2.6×10^{18} α衰变/g 后，钙钛锆石在 XRD 分析中变得非晶化。计算得到不同样品密度下降程度为 4.9%～7.1%。钙钛锆石在完全非晶化后，陶瓷样品保持物理完整性，没有观察到微区裂纹。有报道在 90℃和 pH=2 条件下做了一个单向流通实验，发现“溶解率与辐照损伤程度无关”。

法国研究报道了合成组分为 $Ca_{0.87}Pu_{0.13}ZrTi_{1.73}Al_{0.23}O_7$ 的掺杂 ^{238}Pu 的钙钛锆石基陶瓷的成果(Advocat et al., 2004)。该样品包含 10%的 PuO_2(浓缩到 93.56% ^{238}Pu(原子分数))。这些样品的辐照损伤研究正在进行。

6.2.9 石榴石陶瓷

RIAR 根据 IGEM 配方合成和研究了掺杂 ^{244}Cm 的高铁酸盐石榴石基陶瓷(Lukinykh et al., 2008)。计算得到平均化学式是 $Ca_{1.5}Gd_{0.908}Cm_{0.092}Th_{0.5}ZrFe_4O_{12}$，样品密度为 $4.76g/cm^3$，^{244}Cm 含量达到 2%。然而，石榴石相的 EPMA 实验没有开展。XRD 结果表明陶瓷样品包含 ThO_2 和其他数量较少的未知相。石榴石相在遭受累积剂量达到 1.6×10^{18} α衰变/g 或者 76×10^{23} α衰变/m^3 自辐照后在 X 射线上呈现非晶态。在自辐照达到 1.0×10^{18} α衰变/g 后，石榴石晶胞参数从 12.652(2)Å 变为 12.69(1)Å。当石榴石相变成非晶态时，几何测量没有发现陶瓷密度明显变化。静态浸出实验(去离子水，90℃，3d、7d、14d)表明，与晶体样品相比，非晶化把 Cm 的浸出率提高了 4～4.5 倍(在第 14d 时从 $1.4\times10^{-3}g/(m^2\cdot d)$ 提高到 $5.8\times10^{-3}g/(m^2\cdot d)$)。

6.2.10 硅酸盐磷灰石陶瓷和氯磷灰石粉末

PNNL 在 20 世纪 80 年代初合成了掺杂 ^{244}Cm 的硅磷酸盐磷灰石陶瓷 $Ca_2(Nd,Cm)_8(SiO_4)_6O_2$(*Weber et al.*, 1982；Weber，1983)。掺杂浓度达到 $2.3\%Cm_2O_3$(摩尔分数)(62% ^{244}Cm)。磷灰石在累积剂量达到 110×10^{23}～120×10^{23} α衰变/m^3 自辐照后在 XRD 分析中呈现非晶态。光学显微镜下未观察到磷灰石非晶化导致的微区裂纹。自辐照累积剂量达到 110×10^{23}α衰变/m^3 后，样品密度下降了大约 8%。

PNNL 还合成了掺杂 ^{238}Pu 和 ^{241}Am 的氯磷灰石 $Ca_5(PO_4)_3Cl$ 粉末样品和氟磷钙石 $Ca_2(PO_4)Cl$ 粉末样品(Metcalfe et al., 2004)。前驱体包含 3.8%的 $PuCl_3$ 和 0.2%的 $AmCl_3$。SEM 和 EPMA 实验都没有开展。532d 后，自辐照累积剂量达到 0.6×10^{18} α衰变/g，但 XRD 没有观察到辐照损伤。

6.3 自辐照/辐照损伤研究的主要观点

现已获得了很多锕系核素掺杂的晶体材料在自辐照效应下行为的研究成果：

氧化锆和立方结构的锆基相(烧绿石的萤石结构)是最耐辐照损伤的。

氧化锆基锕系核素固溶体在辐照损伤情况下具有稳定性。但是还远远不清楚掺杂锕系核素的氧化锆基烧绿石结构材料在自辐照情况下的行为(如结构转变为萤石型)。

总体来讲，自辐照会提高锕系核素浸出率，但辐照损伤很重的材料也可能保持化学稳定性。

辐照损伤很重的材料也可能保持力学稳定性。

尽管形成裂纹是材料在非晶化过程中被观察到的典型现象，但肿胀并不总是会导致陶瓷材料产生微区裂纹。

在自辐照条件下，锕系核素的固溶物可能裂解而形成新的相(可能同时是化学不稳定的)，这种可能需要更详尽的研究分析，包括使用 SEM、CL、EPMA 和 TEM 技术等。

参 考 文 献

Advocat T, Jorion F, Marcillat T, et al. 2004. Fabrication of $^{239/238}$Pu-zirconolite ceramic pellets by natural sintering[J]. MRS Proceeding , 807:267-272.

Burakov B E, Anderson E B. 2002. Summary of Pu ceramics developed for Pu immobilization (B506216, B512161)[C]//Proceedings of International Conference Global'ol, Paris.

Burakov B E, Anderson E B, Zamoryanskaya M V, et al. 2001. Investigation fo zircon/zirconia ceramics doped with ^{239}Pu and ^{238}Pu[C]//Proceedings of International Conference Global'ol, Paris.

Burakov B, Anderson E, Yagovkina M, et al. 2002a. Behavior of ^{238}Pu-doped ceramics based on cubic zirconia and pyrochlore under radiation damage[J]. Journal of Nuclear Science & Technology, 39(sup3):733-736.

Burakov B E, Anderson E B, Zamoryanskaya M V, et al. 2002b. Synthesis and characterization of cubic zirconia, $(Zr,Gd,Pu)O_2$, doped with ^{238}Pu[J]. MRS Proceedings, 713:333-336.

Burakov B E, Yagovkina M A, Garbuzov V M. 2004a. Self-irradiation of monazite ceramics: Contrasting behavior of $PuPO_4$ and $(La,Pu)PO_4$ doped with Pu-238[J]. MRS Proceedings, 824:219-224.

Burakov B E, Yagovkina M A, Zamoryanskaya M V, et al. 2004b. Behavior of ^{238}Pu-doped cubic zirconia under self-irradiation[J]. MRS Proceedings, 807:213-217.

Burakov B E, Smetannikov A P, Anderson E B, et al. 2006. Investigation of natural and artificial Zr-silicate gels[J]. MRS Proceeding, 932:1017-1024.

Burakov B E, Yagovkina M A, Zamoryanskaya M V, et al. 2008. Self-irradiation of ceramics and single crystals doped with Pu-238: Summary of 5 years of research of the V.G. Khlopin Radium Institute[J]. Scientific Basis for Nuclear Waste Management, Materials Research society Symposium Proceedings, 1107: 381-388.

Burnstall R S. 1979. FISPIN a computer code for nuclide inventory calculation[R]. Oxford: Harwell Laboratory.

Busker G, Chroneos A, Grimes R W, et al. 1999. Solution mechanisms of dopant oxides in yttria[J]. Journal of the American Chemical Society, 82:1553-1559.

Chrosch J, Colombo M, Malcherek T, et al. 1998. Thermal annealing of radiation damaged titanite[J]. American Mineralogist, 83:1083-1091.

Clinard F W Jr, Hobbs L W, Lands C C, et al. 1982. Alpha decay self-irradiation damge in ^{238}Pu-substituted zirconolite[J]. Journal of Nuclear Materials, 105:248-256.

Degueldre C, Heimgartner P, Ledergerber G, et al. 1997. Behaviour of zirconia based fuel material under Xe irradiation[J]. MRS Proceedings, 439:625-632.

Demkowicz M J, Hoagland R G, Hirth J P. 2008. Interface structure and radiation damage resistance in Cu-Nb multilayer nanocomposites[J]. Physical Review Letters, 100(13):136102.

Exarhos G J. 1984. Induced swelling in radiation damaged $ZrSiO_4$[J]. Nuclear Instruments & Methods in Physics Research B, 1(2):538-541.

Ewing R C, Chakoumakos B C, Lumpkin G R, et al. 1987. The metamict state [J]. MRS Bulletin, 15:58-66.

Ewing R C, Weber W J, Lian J. 2004. Nuclear waste disposal-pyrochlore ($A_2B_2O_7$): Nuclear waste form for the immobilization of plutonium and "minor" actinides[J]. Journal of Applied Physics, 95(11):5949-5971.

Farnan I, Cho H, Weber W J. 2007. Quantification of actinide α-radiation damage in minerals and ceramics[J]. Nature, 445:190-193.

Ferry C, Poinssot C, Cappelaere C, et al. 2006. Specific outcomes of the research on the spent fuel long-term evolution in interim dry storage and deep geological disposal[J]. Journal of Nuclear Materials, 352(1-3):246-253.

Fortner J A, Badyal Y, Price D C L. 1999. Structural analysis of a completely amorphous ^{238}Pu-doped zircon by neutron diffraction[J]. MRS Online Proceedings Library Archive, 540:349-353.

Geisler T, Burakov B, Yagovkina M, et al. 2005. Structural recovery of self-irradiated natural and ^{238}Pu-doped zircon in an acidic solution at 175℃[J]. Journal of Nuclear Materials, 336(1):22-30.

Grimes R W, Catlow C R A. 1991. The stability of fission products in uranium dioxide[J]. Philosophical Transactions of the Royal Society A: Mathematical, Physical and Engineering Sciences, 335(1639):609-634.

Hambley M J, Dumbill S, Maddrell E R, et al. 2008. Characterisation of 20 year old Pu^{238}-doped Synroc C[J]. MRS Proceedings, 1107:373-380.

Hanchar J M, Burakov B E, Anderson E B, et al. 2003. Investigation of single crystal zircon, $(Zr,Pu)SiO_4$, doped with ^{238}Pu [J]. MRS Proceeding , 757:215-225.

Holmes-Siedle A G, Adams L. 2002. Handbook of Radiation Effects[M]. Oxford: Oxford University Press.

Kachalov M B, Ozhovan M I, Poluektov P P. 1987. Role of inhomogeneities in the fracturing of matrices with radioactive waste[J]. Soviet Atomic Energy, 63(4):782-784.

Kotomin E A, Mastrikov Y A, Rashkeev S N, et al. 2009. Implementing first principles calculations of defect migration in a fuel performance code for UN simulations [J]. Journal of Nuclear Materials, 393(2):292-299.

Lee W E, Pells G P, Jenkins M L. 1983. A TEM study of heavy-ion irradiation damage in α-Al_2O_3 with and without helium preimplantation[J]. Journal of Nuclear Materials, 123(1):1393-1397.

Lee W E, Jenkins M L, Pells G P. 1985. The Influence of helium doping on the damage microstructure of heavy-ion irradiated α-Al_2O_3[J]. Philosophical Magazine A, 51(5):639-659.

Lehmann C. 1977. Interaction of Radiation with Solids and Elementary Defect Production[M]. Amsterdam:Elsevier North-Holland.

Leslie M. 1982. Program CASCADE, Description of Data Sets for Use in Crystal Defect Calculations[R]. Warrington: SERC Daresbury Laboratory.

Lian J, Wang L M, Ewing R C, et al. 2005. Ion-beam-induced amorphization and order-disorder transition in the murataite structure[J]. Journal of Applied Physics, 97(11):113536.

Lukinykh A N, Tomilin S V, Lizin A A, et al. 2002. Investigation of radiation and chemical stability of titanate ceramics intended for actinides disposal (B501111)[C]//Proceeding of 3rd Annual Meeting for Coordination and Review of LLNL Work, St. Petersburg, Russia.

Lukinykh A N, Tomilin C V, Lizin A A, et al. 2008. Radiation and chemical durability of artificial ceramic based on ferrite garnet[J]. Radiokhimia, 50(4):375-379.

Meldrum A, Boatner L A, Ewing R C. 1997a. Electron-irradiation-induced nucleation and growth in amorphous $LaPO_4$, $ScPO_4$, and zircon[J]. Journal of Materials Research, 12(7):1816-1827.

Meldrum A, Boatner L A, Ewing R C. 1997b. Displacive radiation effects in the monazite- and zircon-structure orthophosphates[J]. Physical Review B, 56(21):13805-13814.

Meldrum A, Wang L M, Ewing R C. 1997c. Electron-irradiation-induced phase segregation in crystalline and amorphous apatite: A TEM study[J]. American Mineralogist, 82(9-10):858-869.

Meldrum A, Boatner L A, Zinkle S J, et al. 1999. Effects of dose rate and temperature on the crystalline-to metamict transformation in the ABO_4 orthosilicates[J]. Canadian Mineral, 37: 207-221.

Metcalfe B L, Donald I W, Scheele R D, et al. 2004. The immobilization of chloride-containing actinide waste in a calcium phosphate ceramic host: Ageing studies[J]. MRS Proceedings, 824: 255-260.

Misra A, Demkowicz M J, Zhang X, et al. 2007. The radiation damage tolerance of ultra-high strength nanolayered composites[J]. the Journal of the Minerals Metals & Materials Society, 59(9):62-65.

Murakami T, Chakoumakos B C, Ewing R C, et al. 1991. Alpha-decay event damage in zircon[J]. American Mineralogist, 76:1510-1532.

Nixon W, Macinnes D A. 1981. A model for bubble diffusion in uranium dioxide[J]. Journal of Nuclear Materials, 101(1-2):192-199.

Ojovan M I, Poluectov P P. 2001. Surface self-diffusion instability in electric fields[J]. MRS Proceedings, 648:P3.1.1-P3.1.6.

Parfitt D C, Grimes R W. 2008. Predicted mechanisms for radiation enhanced helium resolution in uranium dioxide[J]. Journal of Nuclear Materials, 381(3):216-222.

Parfitt D C, Grimes R W. 2009. Predicting the probability for fission gas resolution into uranium dioxide[J]. Journal of Nuclear Materials, 392(1):28-34.

Pichot E, Dacheux N, Emery J, et al. 2001. Preliminary study of irradiation effects on thorium phosphate-diphosphate[J]. Journal of Nuclear Materials, 289(3):219-226.

Polezhaev Y M. 1974. On the mechanism of metamictization of minerals under the action of autoradiation[J]. Geokhimiya, 11:1648-1652.

Raison P E, Haire R G, Assefa Z. 2002. Fundamental aspects of Am and Cm in Zirconia-based materials: Investigations using X-ray diffraction and Raman spectroscopy[J]. Journal of Nuclear Science & Technology, 39(sup3):725-728.

Sickafus K E, Matzke H, Hartmann T. 1999. Radiation damage effects in zirconia[J]. Journal of Nuclear Materials, 274(1):66-77.

Sickafus K E, Minervini L, Grimes R W, et al. 2000. Radiation tolerance of complex oxides[J]. Science, 289:748-751.

Sickafus K E, Grimes R W, Valdez J A, et al. 2007. Radiation-induced amorphization resistance and radiation tolerance in structurally related oxides[J]. Nature Materials, 6(3):217-223.

Soulet S, Carpéna J, Chaumont J, et al. 2001, Simulation of the α-annealing effect in apatitic structures by He-ion irradiation: Influence of the silicate/phosphate ratio and of the OH^-/F^- substitution[J]. Nuclear Instruments & Methods in Physics Research, 184(3):383-390.

Strachan D M, Scheele R D, Buchmiller W C, et al. 2000. Preparation of ^{238}Pu-ceramics for radiation damage experiments[R].Washington: Office of Scientific & Technical Information Technical .

Strachan D M, Scheele R D, Kozelisky A E, et al. 2002. Radiation Damage in Titanate Ceramics for Plutonium Immobilization[J]. Scientific Basis for Nuclear Waste Manage XXV, MRS Proceedings, 713:461-468.

Strachan D M, Scheele R D, Icenhower J P, et al. 2004. Radiation Damage Effects in Candidate Ceramics for Plutonium Immobilization: Final Report[R]. Richland: PNNL.

Strachan D M, Scheele R D, Buck E C, et al. 2005. Radiation damage effects in candidate titanates for Pu disposition: Pyrochlore[J]. Journal of Nuclear Materials, 345(2-3):109-135.

Strachan D M, Scheele R D, Buck E C, et al. 2008. Radiation damage effects in candidate titanates for Pu disposition: Zirconolite[J]. Journal of Nuclear Materials, 372:16-31.

Thompson M W. 1969. Defects and Radiation Damage in Metals[M]. Cambrige, Cambrige Univeristy Press.

Trachenko K, Dove M T, Salje E K H. 2002. Structural changes in zircon under α-decay irradiation[J]. Physical Review B, 65(18):180102.

Utsunomiya S, Wang L M, Yudintsev S, et al. 2002. Ion irradiation-induced amorphization and nano-crystal formation in garnets[J]. Journal of Nuclear Materials, 303(2):177-187.

Volkov Yu F, Lukinykh A N, Tomilin S V, et al. 2001. Investigation of U S. Titanate Ceramics Radiation Damage due to ^{238}Pu Alpha-decay[B501111][R]. St Peterburg: URCL, Proceedings of Meeting for Coordination and Review of work.

Wang S X, Begg B D, Wang L M, et al. 1999. Radiation stability of gadolinium zirconate: A waste form for plutonium disposition[J]. Journal of Materials Research, 14(12):4470-4473.

Wang L M, Weber W J. 1999. Transmission electron microscopy study of ion-beam-induced amorphization of $Ca_2La_8(SiO_4)_6O_2$[J]. Philosophical Magazine A, 79(1):237-253.

Wang L M, Wang S X, Ewing R C. 2000. Amorphization of cubic zirconia by caesium-ion implantation[J]. Philosophical Magazine Letters, 80(5):341-347.

Was G S. 2007. Fundamentals of radiation materials science[J]. Materials Today, 10(10):52.

Weber W J. 1983. Radiation-induced swelling and amorphization in $Ca_2Nd_8(SiO_4)_6O_2$[J]. Radiation

Effects, 77(3-4):295-308.

Weber W J, Wald W, Matzke H J. 1986. Effect of self-radiation damage in Cm-doped $Gd_2Ti_2O_7$ and $CaZrTi_2O_7$[J]. Journal of Nuclear Materials, 138(2):196-209.

Weber W J. 1991. Self-radiation damage and recovery in Pu-doped zircon[J]. Radiation Effects, 115(4):341-349.

Weber W J. 2010. Radiation damage in a rare-earth silicate with the apatite structure[J]. Journal of the American Ceramic Society, 65(11): 544-548.

Weber W J, Turcotte R P, Bunnell L R, et al. 1979. Radiation effects in vitreous and devitrified simulated waste glass[C]//Springfied: Conference 790420 in Nationals Technical Information Service.

Weber W J, Ewing R C, Wang L M. 1994. The radiation-induced crystalline-to-amorphous transition in zircon[J]. Journal of Materials Research, 9(3):688-698.

Weber W J, Ewing R C, Catiow C R A, et al. 1998. Radiation effects in crystalline ceramics for the immobilization of high-level nuclear waste and plutonium[J]. Journal of Materials Research, 13(6):1434-1484.

Yudinsev S V, Lukinykh A N, Tomilin S V, et al. 2009. Alpha-decay induced amorphization of Cm-doped Gd_2TiZrO_7[J]. Journal of Nuclear Materials, 385(1):200-203.

Zamoryanskaya M V, Burakov B E. 2004. Electron microprobe investigation of Ti-pyrochlore doped with Pu-238[J]. MRS Proceedings, 824:231-236.

Zamoryanskaya M V, Burakov B E, Bogdanov R V, et al. 2002. A cathodoluminescence investigation of pyrochlore, $(Ca,Gd,Hf,U,Pu)_2Ti_2O_7$, doped with ^{238}Pu and ^{239}Pu[J]. MRS Proceedings, 713:481-485.

第 7 章　路在何方?

如果如今持续的锕系材料使用需求继续保持增长势头，那么就需要能稳定固化这些核素的材料。目前看来，晶体材料是最有前景的。

7.1　安 全 问 题

锕系核素由于其一些独特的性质而在很多工业领域拥有应用，如核武器、核燃料、α放射源、超导体、核电池等。其他锕系核素研究也表明了锕系核素新的应用前景，然而大多数锕系同位素相当危险，它们的应用必须严格限制和加以控制(表 1.1.2)。安全使用锕系核素就必须在民用和安全威胁如核扩散、恐怖主义、对人体健康的负面作用和对自然环境影响等方面进行小心的平衡。核工业的未来是很难预测的，但毫无疑问，在任何情况下锕系核素已经并在未来发挥更大作用。我们必须发展出锕系核素应用和处置的合适方法，避免锕系核素被非法利用。在这方面有几个重要细节需要认真考虑：

要达成和平利用核能、核裁军和防止核扩散的国际协议。

要发展可以在应用和处置情况下使用的化学稳定性和力学稳定性好的锕系存储固化体。

在一般用途中使用尽可能少量的锕系核素，如密封源、核电池。

发展可信赖的锕系废物处置体系，包括嬗变技术和深地质处置。

7.2　燃烧(嬗变选项)

尽管在反应堆中存在彻底燃烧(嬗变)危险的锕系核素是一个科学家广泛讨论的热门话题，但目前没有发现低成本或高效的嬗变技术。目前可以实现部分嬗变的技术是很有限的，包括如下选项：

提高反应堆设计性能，以此提高燃料棒燃烧程度(对氧化铀和 MOX 核燃料来讲)。

发展陶瓷燃料棒(第 2 章)。

发展可以燃烧氧化铀或者含有关键次锕系核素的 MOX 核燃料的新一代反应堆。一个可选项是使用钍燃料循环体系，避免产生大量的次锕系核素。

7.3　锕系废物的处置

目前所有处置高放射性锕系废物的方案都是基于多层阻隔概念。地质屏障方案被认为是最重要和最可信赖的手段。在放置于深地质基岩里的大山洞之前，固体废物必须包装在桶或箱子里，周围填满缓冲材料(如膨润土)。根据地质条件、当地社会环境、特定国家的公众接受度等情况，考虑使用不同的岩石(盐、花岗岩、黏土、泥岩)。存储设计包括在 500～1000m 深处使用电梯和隧道，以及在可能很深的地方(超过 3000m)凿洞。不同的锕系废物处置方案可以归为两类：工程方案和地球化学方案。

工程方案考虑废物处置设计，主要考虑长期安全性。支持该方案的理由包括：选择地下水低渗透性的基岩；确认最佳处置深度；发展可信赖的废物储存罐和近场材料，如填充物和回填物，该方案允许处置乏燃料，这是一种不太稳定的废物。

地球化学方案(地球化学方案认为处置长寿命锕系核素是一个充满不确定性的过程(尽管该方案接受所有工程技术进步))考虑处置长寿命锕系核素，该方案存在一定的不确定性。根据该方案，任何地质环境都会因为建设处置库而变得不稳定。工程屏障材料性能可能因此以比预测更快的速度衰退。近场处的辐射场和废物基质里的自辐照可能加速化学腐蚀，以及使溶于水的物质和胶体中放射性核素的迁移速度加快。因此，发展稳定性能好的锕系处置材料是极端重要的。乏燃料本身绝不是合适的废物存储载体。废物处置材料的形式不仅要基于化学稳定性和耐辐照损伤，还要考虑与基岩的地化相容性(图 1.4.2)。

7.4　锕系核素在地质环境中的表现

锕系核素在地质处置条件下的行为是一个长期的内容广泛的研究课题。目前所知只是基于以下类比研究：含有 U 和 Th 的天然矿石、核试验场所、核事故场所(如乌克兰的切尔诺贝利、俄罗斯的马亚克)、利用痕量的锕系核素开展的吸附和迁移实验(瑞士的格里姆瑟尔)，以及含有锕系核素的玻璃和陶瓷废物体的浸出实验。然而，所有这些重要数据不能解决长寿命高放射性锕系同位素在地质条件下经过数千年后的迁移和阻滞信息缺乏的问题。一个解决该难题的可行方案是建立可以永久模拟锕系核素迁移系统的中试处置场。在真实地质环境下测试含有相当数量锕系核素的全尺寸废物包是很有用的。这类工作需要取得执照，获得公众认可。

7.5 结　论

通过全书介绍，强调了与锕系相关材料的价值和危险之处。着重介绍了潜在的锕系核素固化材料。但新的燃料循环体系，如使用快中子反应堆和可能的加速器驱动系统，要求不同的锕系核素固化方案。对中高放射性核废物的新的治理手段正在研究。著名的分离-嬗变和分离-整备方案的主要目标是把长寿命放射性核素从短寿命核素中分离出来。潜在的分离-嬗变靶在 2.5 节有论述。分离-嬗变旨在把危险的长寿命放射性核素变为明显短寿命的核素。分离-整备方案旨在从短寿命核素里分离处理和处置长寿命核素，使得它们可以被固化在固化体里(可能是玻璃体)，最终用在浅层地质处置上。分离-嬗变方案和分离-整备方案都依赖有能力固化大量锕系核素的稳定材料。我们相信晶体材料和本书介绍的处理手段在未来具有在该领域和其他方面重大应用的潜力。